KETANG SHANG XUE BU DAO DE

QUWEI KEXUE

课堂上学不到的
趣味科学

自然宇宙

ZIRAN YUZHOU

● 佳文 编著 ●

广西人民出版社

图书在版编目（CIP）数据

自然宇宙 / 佳文编著.—南宁：广西人民出版社，
2014.6

（课堂上学不到的趣味科学）
ISBN 978-7-219-08880-7

Ⅰ.①自… Ⅱ.①佳… Ⅲ.①自然科学–青少年读物
②宇宙–青少年读物 Ⅳ.①N49 ②P159-59

中国版本图书馆CIP数据核字（2014）第 054293 号

监　　制　白竹林
责任编辑　周月华
印前制作　麦林书装

出版发行　广西人民出版社
社　　址　广西南宁市桂春路 6 号
邮　　编　530028
印　　刷　广西大一迪美印刷有限公司
开　　本　875mm×1230mm　1/32
印　　张　5
字　　数　70 千字
版　　次　2014 年 6 月　第 1 版
印　　次　2014 年 6 月　第 1 次印刷
书　　号　ISBN 978-7-219-08880-7/N・6
定　　价　19.80 元

目录 *Contents*

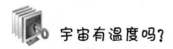 宇宙有温度吗？

从物理学角度出发，唯有物质才具有温度，那么，浩瀚的宇宙有温度吗？

以前，科学家们认为宇宙中是没有温度的，但后来经过实验发现，宇宙也有温度——接近 -273.15℃ 的绝对零度（开尔文温度标定义的零点），其源自一种能量辐射，是宇宙大爆炸的产物。如今，科学家经长期测算得知，宇宙正处在加速膨胀之中，其温度也越来越低。并且，我们可以通过现在的宇宙温度，来探测出宇宙大爆炸的时间。

有人问，宇宙中有最低温度和最高温度吗？

理论上来说，宇宙中没有最高温度，因为各个星体的温度差异很大。举例来说，地球的年平均气温为15℃，而太阳表面的温度为 6000℃，天狼星的表面温度达到了 10000℃ 以上。目前发现的最高温度的星球是"参宿七"，其表面温度能达到 12000℃ 以上。

虽然宇宙中没有最高温度，但却有最低温度，也就是－273.15℃的绝对零度，其为自然界温度的临界状态，当温度达到绝对零度时，原子就会停止运动。

科学放大镜 气象部门所说的地面气温是如何测量的？

气象部门用来测量近地面空气温度的主要仪器是装有水银或酒精的玻璃管温度计。因温度计本身吸收的太阳热量要比空气所吸收的太阳热量大，如果将温度计放在阳光直射的地方，其测出的温度往往要高于它周围空气的实际温度，所以气象人员在测量近地面温度时，通常会将温度计放在距离地表约1.5米处的四面通风的百叶箱中。气象部门所说的地面气温，其实指的是距离地面高度约为1.5米处的百叶箱中的温度。

如果宇宙之中的暗能量越来越多会怎么样？

广阔的宇宙之中，暗能量占据了约70％的空间，暗能量是一种未知的能量形态，它就如同一只看不见的手，控制着整个宇宙。

　　暗能量无处不在，它与万有引力正好相反，具有很强的反引力性质，可以在很远的距离就将物体推开，令星系间的距离扩大。宇宙中所有的恒星和行星的运动皆是由暗能量与万有引力来推动的。

　　有关科学家预测，如果宇宙之中的暗能量越来越多，在其影响下，太阳系周边的"邻居"将逐渐减少，最终，太阳系会成为宇宙之中的一只孤舟。到了那个时候，当我们在地球上仰望天空时，除了我们自己银河系中的星星，再也没有其他的星星出现在我们的视线之中，就算是用望远镜来观察，看到的也只是一片漆黑。更为糟糕的是，随着宇宙的不断膨胀，暗能量会将所有的星系都撕裂，地球也会被扯离太阳，地球上的一切生物都将被毁灭。但是，就算这个预测是真的，世界末日也要在遥远的 167 亿年之后才会出现，人们不必为此担忧。

　　科学放大镜　观测到最美的星空需要满足哪些条件？

　　观测到最美的星空需要满足一定的条件：1. 要有良好的天文条件，选择低纬度地区进行观察；2. 地理条件开阔，没有高山或地面建筑物遮挡；3. 天空晴朗少云，空气清洁；4. 观测地点最好不要受到城市灯光的干扰，要选择远离城市的郊外。

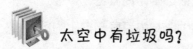

太空中有垃圾吗？

我们不得不承认，人类制造垃圾的能力很强，不仅是在地球上，就连太空中也有很多人类制造的垃圾。

太空中的垃圾大多是人类每次发射火箭、人造卫星或宇宙飞船时留在太空中的残骸，如螺丝帽、螺栓、报废的卫星、使用过的火箭推进器或卫星的太阳能光板等，此外，还有火箭爆炸形成的碎片和宇航员扔进太空中的垃圾。

现在，太空中的垃圾已经很多了，它们在地球的周围形成了一条"垃圾带"。科学家估计，这条垃圾带中所含的垃圾总量大约有7万多吨重。也许你无法想象，当你仰望天空，欣赏夜空的美景时，那上面竟然有那么多的垃圾正在漂浮着。

太空中的垃圾基本上不会对我们地球人的生活产生什么直接影响，但是它会对太空中的人造卫星、航天飞机等产生严重的威胁。这是因为航天器等飞行速度非常快，就算是与极小的物体相撞，也会造成很大程度的

损害。

现在，人们对于太空垃圾仍然束手无策，因为这些垃圾不仅数量多，而且大小不同，漂浮不定，即使是用最先进的高倍望远镜来检测，还是不能准确地追踪那些垃圾的身影。因此，为了人类的安全和航天事业的发展，最好的办法就是尽量减少太空垃圾的产生。

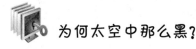 太空垃圾曾制造过哪些严重事故？

1983 年，美国的一架航天飞机——"挑战者号"与一块直径为 0.2 毫米的涂料剥离物相撞，导致航天飞机舷窗受损，宇航员不得不中止飞行。1986 年，"阿丽亚娜号"火箭在进入轨道之后没多久就爆炸了，火箭变成了 564 块 10 厘米大小的残骸和 2300 块小碎片，这枚火箭的残骸使两颗日本通信卫星中止了工作。

为何太空中那么黑？

无论是看太空的照片，还是在电视中看到关于太空的影像视频，我们会发现，在太空里 80% 的地方都是漆黑一片。有的人会感到不可思议，为什么一个太阳发出的光能让整个地球的白天都充满光亮，但拥有无数颗恒星的太空却是一片漆黑呢？

事实上，地球的白天之所以充满光亮，是因为空气中的分子和灰尘能折射或反射阳光。而在月球上因为没有大气层，所以其天空为漆黑一片。同样的，在太空之中也没有能够反射或折射光线的物质，因此，人们看到的太空是黑暗的，即使是在太阳的周围也一样黑。

有的科学家提出，宇宙是没有界限的，它会朝着各个方向延伸和拓展，在这样的空间内，有无数颗恒星。假如宇宙中布满了恒星，那么太空就会被恒星的光所笼罩，太空也因此会变得明亮。但事实上，宇宙中恒星的数量与这个无限的空间比起来算很少的，还没有到布满宇宙的地步，因此，太空是漆黑一片的。

科学 放大镜 人类什么时候第一次去太空？

1957 年 10 月 4 日，苏联第一颗人造卫星上天，拉开了人类航天时代的序幕。苏联宇航员加加林，于 1961 年 4 月 12 日，乘坐"东方 1 号"宇宙飞船，环绕地球飞行了一圈，历时近 2 个小时，成为第一位进入太空的人。

黑洞会"唱歌",这是真的吗?

在自然界中,声波几乎无处不在。科学家发现,太阳系内部的磁场中能够产生音乐声波,此外,地球也可以形成自己特有的音乐,而人脑的电波也能形成音乐。那么,宇宙之中的黑洞也能发声吗?

科学家观测发现,在距离地球约2.5亿光年的英仙座,有一个超大质量的黑洞。长时间以来,它一直在静静地唱着"嗡嗡"的歌声,如同人们在低声说话一般。更让人感到惊奇的是,它已经唱了250万年。但令人感到遗憾的是,人的耳朵是无法欣赏到它的"歌声"的,因为它的音调实在是太低了,是人耳能听到的最低声音的上千万亿分之一。

这个黑洞"唱歌"的声音,是到目前为止人们在宇宙中探测到的最低的声音。

如何防治噪声产生的污染?

随着经济和近代工业的发展，环境污染在逐渐加剧，而噪声污染就是环境污染中的一种，它已成为社会的一大危害。为了防治噪声，科学家给出了以下建议：工业、交通运输业可以选用低噪音的设备，或者改进生产工艺；在传播途径上降低噪音，采用吸音、隔音、隔震等措施；营造隔音林，将有噪声污染的企业搬离市区等。

 ## 黑洞和黑滴现象有什么关系吗?

"黑洞"和"黑滴"两个名字，都有"黑"字，它们之间有什么关系吗？其实，黑洞和黑滴现象是两种完全不同的现象。

大家对黑洞已经有所了解，那么，什么是黑滴现象呢？

当我们对着光将两根手指慢慢靠近时会发现，即使手指之间还没有真正地贴在一起，但手指间的阴影也会将两根手指联在一起，如同手指间有水滴一般，这就是

模拟的黑滴现象。

当凌日发生时，太阳边缘与内行星边缘会无限靠近，那时，会有非常细的丝将两个边缘连接起来，这就是凌日时的黑滴现象。因金星有大气层的缘故，所以其黑滴现象最为明显。

科学 放大镜 太阳系位于银河系的哪个位置?

　　银河系是旋涡状的，它由几条旋臂构成，这些旋臂为尺臂、南十字臂、人马臂、猎户臂和英仙臂等，而太阳系就位于猎户臂内侧边缘的地方，距离英仙臂约6500光年。太阳系围绕着银河系旋转，约2.5亿年才会绕银河系旋转一圈，这称为一个银河年。

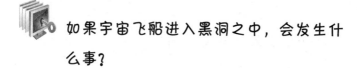

如果宇宙飞船进入黑洞之中，会发生什么事?

　　现在，人类在宇宙中发现了几千万个黑洞。黑洞是一种引力场极强的天体，它们具有不可抗拒的强大引力，之所以说其"黑"，是因为它们就如同是宇宙之中的无底洞，无论是什么物质，只要掉进了黑洞中就再也逃不出来，甚至连光都不能逃脱这样的命运。

黑洞极为贪婪，它能将其附近的物质都吸进去，甚至一些小黑洞都被大黑洞收入"腹中"。宇宙飞船若是进入黑洞之中，就如同一根面条被吸进了大象的嘴里。

如果宇宙飞船进入黑洞，其过程很有可能是这样的：一艘宇宙飞船正在太空中飞行，突然之间，飞船内的警报响起，船内的笔等小物品都开始旋转起来，且越转越快，宇宙飞船与外界的联系中断了。接下来，一种力量将飞船变得扭曲，从某些方向施加的力将飞船压扁，过了一会儿又将飞船拉长，用不了多久，飞船就在这样的折磨下被肢解了……

黑洞的能量巨大无比，一个原子核大小的黑洞的能量将超过一家核电站。

科学 放大镜 核电站是如何选址的？

核电站的选址要求非常严格，按照国际惯例，核电站选址要遵循经济、技术、安全、环境四大原则。具体来说，核电站要建在经济发达地区的相对偏远地区，在 50 千米以内不能有大中型城市；核电站数千米范围内不能有活动断裂地带；核电站周围

100千米海域和50千米内陆地，在历史上没有发生过6级以上地震；此外，核电站还要建在人口密度低、易隔离，且靠近海域的地区。

 ## 宇宙飞船中会起火吗？

1997年2月的一天，"和平号"空间站上突然响起火警，原来是一罐氧气起火了，而燃烧的火焰并没有马上熄灭，无奈，宇航员们只能动手灭火。

按常理来说，因太空中没有重力，被点燃的火焰应该马上熄灭才对。没有重力，也就不存在空气对流，火苗周围的氧气被耗尽后，燃烧就会停止，但现在看来，这个推理是错误的。

这起事故之后，科学家重新对失重条件下的燃烧情况进行了研究，他们发现，蜡烛在失重条件下，仍能继续燃烧，但其燃烧过程非常缓慢。失重状态下蜡烛的火焰也不像平常我们见到的那样向上伸展，而是呈圆球形，而且火焰的颜色不是黄色的，而是淡蓝色的。

科学 放大镜 长期处于失重状态会对人体造成什么影响？

人长期处于失重的状态下，骨骼肌的负荷会消失，会出现肌肉萎缩的现象。而人体的尿中会排出大量的钙，这些钙来自于人的骨骼。钙的大量流失会使人的骨骼密度下降，出现骨质疏松，人就容易出现骨折的现象。而钙从尿液中排出同时加重肾的负担，时间长了很容易有肾结石。

可以用激光或微波作为宇宙飞船的动力吗？

目前，人类只能在火箭的帮助下才能送宇宙飞船进入太空。进入太空的宇宙飞船，其所携带的燃料是有限的，飞行了一段时间之后就要返回地球。那么，人类能不能制造出不携带燃料、不需要推进器的宇宙飞船呢？

假如科学家能制造出用激光或微波作为动力的宇宙飞船，那么所有的问题都能得到解决。人们可以乘坐这种新型宇宙飞船到太空中旅行，还有可能移民到其他星球去居住。用微波作为动力的宇宙飞船，在 6 天内能达

到 20% 的光速，20 年的时间就可以到达距离太阳最近的比邻星。而如今的宇宙飞船若想飞到比邻星，来回得需要 17 万年的时间。

虽然现在这样新型的宇宙飞船还没有研制出来，但随着科学技术的发展，以新型能源为动力的宇宙飞船肯定会被研制成功。

 科学 放大镜 微波炉是如何被发明出来的？

> 美国科学家斯本森有一次在走过一个微波发射器时，身体有热感，不久他发现装在口袋内的巧克力被微波融化。还有一次，他将一个鸡蛋放在波导喇叭口前，结果鸡蛋受热突然爆炸，溅了他一身，这更坚定了他的"微波能使物体发热"的论点。雷声公司受斯本森的启发，于 1947 年推出了第一台家用微波炉。

在国际空间站中也有微生物吗？

国际空间站设置在距离地球 360 千米高的宇宙中，除了在那里工作的宇航员之外，还有很多我们肉眼看不见的家伙在那里生活，它们就是细菌等微生物。这些微生物的种类多达 20 多种，它们都是随着宇航员或是器械组件"偷渡"到空间站的。而当每批宇航员到达空间站的时候，都会带来新的微生物。

微生物为了适应太空中失重和强辐射的恶劣生活环境，大部分都发生了变异，其耐受力要比地球上的同类微生物高出多倍，这对宇航员的健康构成了非常大的威胁。更为严重的是，这些微生物甚至会腐蚀空间站里的硬件和材料，这种情况在"和平号"空间站上就曾发生过。

为了避免微生物给空间站带来破坏，科学家采取了很多措施来应对这些情况。他们会控制空间站里的空气湿度，并为组件和材料都刷上漆，而且宇航员还会定期进行大扫除，但收效都不是很大。如此看来，人类要和这些空间站上的"顽固分子"进行一场旷日持久的斗争。

科学 放大镜 · 霍乱是什么病？

霍乱是一种急性腹泻疾病，多由不洁的海鲜食物引起。这种病的高发期在夏季，能在几个小时内

使病人腹泻脱水，重症者还可能会死亡。霍乱是由霍乱弧菌所引起的，霍乱弧菌存在于水中，最常见的感染原因是食用了病人的粪便所污染的水。霍乱弧菌能产生霍乱毒素，造成人分泌性腹泻，就算不再进食也会不断腹泻，而洗米水状的粪便正是霍乱的特征。

 ## 宇航员是如何在太空中生活的？

很多人都梦想着能飞上太空中，但因受到技术条件的限制，目前只有极少部分的宇航员能在太空中生活一段时间。宇航员在太空中的生活与我们在地球上的生活完全不同，宇航员若是想在太空中行走，就要穿上耗费千万元的宇航服，而且那也不能称得上是行走，而只是在空间站内如鱼儿般游来游去。

宇航员每天要吃 4 顿饭，并且吃的食物很特别。但总体来说食物味道还是不错的，只不过稍微偏淡一些。

在太空中，水是非常宝贵的，宇航员如果想洗脸，只能用湿毛巾来擦脸。宇航员刷牙也不用牙刷，而是咀嚼特制的橡皮糖代替刷牙，咀嚼完后，宇航员会将橡皮糖吞进肚内，因为若是将其吐出来，这些橡皮糖会在空中到处乱飞。

宇航员在睡觉时，要躲在睡袋内。说到上厕所，要稍微麻烦些了，宇航员要先将自己固定住，屁股与马桶的边缘紧贴好，只有这样，人的排泄物才不会飘出来。

总的来说，在地球生活中极为普通的吃、喝、拉、撒、睡等小事，在太空中做起来都非常的不普通。

科学 放大镜 宇航服有什么作用？

宇航服能防止太空中的真空、高温、低温、太阳辐射等环境因素对宇航员造成的危害。在真空环境下，人的血液中所含的氮气会变成气体，这会使人的体积变大。如果宇航员不穿加压气密的宇航服，就很可能会因体内外压差过大而出现生命危险。现代新型的舱外用航天服有液体降温的结构，它能供宇航员进行登月考察或出舱活动。

如果宇航员在太空中脱掉宇航服，身体会爆炸吗？

科幻电影中有这样的镜头：宇航员在没穿宇航服的情况下，不小心走到了宇宙飞船外，宇航员的眼睛很快就爆裂出来，而没过多久，他们的整个身体就发生了爆炸。这么恐怖的镜头给人留下了深刻的印象，难道这些镜头中所展现的都是真实情况吗？

事实上并非如此。当人处于真空环境中时，身体不会膨胀爆炸，身体还能坚持一会儿，但时间最多不会超过 15 秒，过了这个时间，人体内血液中的氧气就用完了，人就会死去。

因太空的环境恶劣，－270℃ 的低温会让皮肤在短时间内生成冻疮，而太阳的直射又会烧伤人的皮肤，使人体出现严重脱水的情况。人处于真空环境超过 15 秒钟，就会出现昏迷、缺氧的情况，继而死亡，成为一具干枯的尸体。

如此看来，宇航员在没穿宇航服的情况下，不能走到宇宙飞船外部去，否则会出现生命危险。

科学 放大镜 宇航服对于宇航员来说有什么意义？

　　宇航服作为一种高科技产品，是宇航员在太空工作中的必备品。宇航服能抵御来自太空的侵害，它具有一整套生命保障体系和通信系统。宇航员在宇航服的保护下，能顺利地完成太空工作，进而安全地返回到地球。

宇航员如何在太空中辨别方向？

　　在太空中，宇航员很难分辨出东西南北，辨别方向成了宇航员面临的一大难题。因为没有参照物，宇航员就不能看清物体的大小和远近，也无从得知物体的速度是变快了还是减慢了，此外，航天飞机和宇航员自己都处于运动之中，宇航员晕头转向也情有可原。那么，宇航员是如何在太空中辨别方向的呢？

　　在太空中要依靠星座图从整体上来对方向进行判断。宇航员会通过恒星的位置来判断自己所处的大概位置，宇航员在得到升空任务之前，要先认识星座图，以

便认清自己要走的路线。如果在太空中，宇宙飞船的自动导航系统出现故障，宇航员就要对照星座图重新计算路线，并用手动装置驾驶宇宙飞船回到地球。

 科学 放大镜 宇航员在太空中走一步与在地球上走一步的差距有多大？

宇航员在太空行走时，因为宇宙飞船的速度已经非常快了，宇航员跟着宇宙飞船前行，即使他们是只迈出一小步，也相当于几十千米的距离。2008年中国宇航员翟志刚在太空中行走了 19 分 35 秒，行走的距离为 9165 千米。

宇航员如何应对太空中的意外事件？

在宇宙中工作是非常危险的。宇航员在太空作业时，虽然事先会做大量的准备工作来应对在宇宙中可能出现的种种问题，但总有些意外事件发生。那么，宇航员是如何应对这些意外事件的呢？

宇宙飞船在太空中出现小故障时，飞船上的自动救生系统会在电子计算机的指令下进行程序的更换，自动采取应急措施。如果故障程度较为严重，宇航员就要手动来排除故障。宇航员在进入太空前，会接受严格的训练，他们需掌握多门学科知识，在找出故障的原因后，会用应急设备抢修故障。

除了宇航员自己的努力外，地面上的指挥中心也是宇航员们的坚强后盾。飞船在出现紧急状况时，地面指挥中心会组成专家小组对故障进行分析和判断，并制定出最佳的抢修方案，通过遥控指挥来帮助宇航员排除故障。

宇航员在太空中行走看似简单，其实非常危险而复杂。宇航员的供氧系统一旦出现问题，他们就有可能马上死亡。如果宇航员在行走途中被微流星击中，也会有生命危险。如此看来，宇航员留在宇宙飞船中是最安全的，一旦走进太空中，有很多事情都是没办法预料的。

科学 放大镜 空间站和航天器怎样进行空间交会对接？

空间交会对接是两个航天器在太空中自动连接在一起的航天技术，此项技术可以帮助空间站不断建设壮大。空间交会对接时，航天器主动靠近空间站进行对接。航天器上有一个导引杆，对接时导引杆使两个对接装置精确对准，锁紧机构自动锁紧，就完成了对接。

 ## 做宇航员需要满足什么样的条件？

当宇航员可以在宇宙中欣赏美丽的景色，很多人都梦想着成为宇航员，那么，要做宇航员需要满足哪些条件呢？

首先，要想成为宇航员必须要有良好的身体素质，但也并不是身材越高大、越强壮越好。为了适应驾驶舱的高度，国际宇航员的身高范围大都在 167 厘米到 187 厘米之间，而且，还需具有很强的平衡感。

除了身体条件外，所接受的教育水平也有很大要求。宇航员要掌握并完成载人航天所必需的科学知识和技能，还需要接受科学、医药、工程学等领域的知识。

另外，宇航员还要具备一定的飞行经验，且拥有冷静的分析能力和处理问题的能力。因宇宙飞船进入太空后，有可能会出现强烈的旋转和震动，所以宇航员在训练时一定要进行平衡感和抗晕能力的训练。在训练时，宇航员会坐上每分钟旋转 24 圈的"转椅"和前后晃动幅度为 15 米的"秋千"。并且，宇航员还要登上 4 层楼高的高塔进行蹦极体验。

此外，宇航员还要接受心理训练等，以适应在狭小的空间中产生的不良反应和漫长的寂寞。

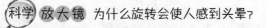 **科学 放大镜** 为什么旋转会使人感到头晕？

人的耳朵分为外耳、中耳和内耳，前庭就在人的内耳中，是内耳器官之一，由三个半规管和球囊、椭圆囊组成，是人体平衡感受器官。当人们旋转时，角加速度作用于两侧内耳相应的半规管，两侧的半规管会形成相反的电位，而这些神经末梢的兴奋或抑制性电信号通过神经传向前庭中枢并感知到这一情况，人就会产生头晕的感觉。

 ## 在太空中烧水能烧开吗？

如果你在宇宙飞船中将水壶放在电炉上烧水，你会发现，水烧了很久都没有烧开，这是为什么呢？

我们平时用水壶烧水，壶内的水会不停地从壶底向上涌，然后再从四周下落，这是因为水可以对流传热。当给水壶加热时，壶底的水先受热，体积开始膨胀，重

量减轻，所以会在浮力的作用下逐渐向上升。而冷水的重量较大，会在重力作用下下沉，于是就产生了对流。因为壶底不断地加热，水壶中的水就不断对流，不断传热，这样整壶水就会慢慢地被烧开了。

然而，在太空中的宇宙飞船里，所有的物体都处于失重状态，浮力和重力都消失了，所以，无论给水壶加热的时间有多长，热水还是待在壶底，而冷水依旧留在水壶的上部，无法形成对流，水也就烧不开了。

科学放大镜 为什么被水蒸气烫伤比被开水烫伤严重?

水蒸气和开水的温度在标准大气压下都是100℃，但它们所造成的烫伤程度却不同，水蒸气更能灼伤人。这是因为，水在达到100℃后要继续吸收热量才能转化成水蒸气，因而水蒸气的热量要多一些。虽然温度一样，但水蒸气要想变成水需要释放热量，所以被水蒸气烫伤更严重。

在太空中，成年人也能长高吗？

在太空中，成年人的身高会长高 5 厘米左右，这是因在太空中处于失重状态，在没有阻力和重力的环境下，人的身体是漂浮在太空中的。人的脊椎骨因没有重力的影响，会得到彻底的舒展和延伸，这样，人就会感觉长高了。

在失重的太空里，人还会产生其他方面的变化，比如：腰围会缩小，腿也会变细，脸会有些浮肿。当然，人身上这样的变化并不会一直持续下去，等人从太空重新返回到地球上后，身体就会恢复到之前的样子，身高会回到原来的水平，脸上的浮肿也会消失。但是，人从太空返回到地球后，因肌肉中的蛋白质流失，所以会出现肌肉萎缩的现象，因此要适当加强体育锻炼。

科学 放大镜 宇宙的内部是什么？

宇宙广阔无垠，其内部有不计其数的天体在运行着，此外，还有很多的气体和尘埃。宇宙之中有

数以亿计的星系，以银河系为例，银河系中包含了上千亿颗恒星和大量的星团、星云，以及各种类型的星际气体和星际尘埃。这也说明了在宇宙之中有着数不清的各类物质。

 ## 鸟儿能在太空中飞翔吗？

鸟儿之所以能在天空中自由自在地飞翔，是因为其在飞行时，不停地上下挥动翅膀，形成气流，这样就能产生强大的下压抵抗力，使鸟儿能飞起来。而太空之中没有空气，所以鸟儿在那里无法飞起来。但是，因太空中是处于失重状态的，所以如果鸟儿进入太空，会如同宇航员一般在太空中飘来飘去，而不会掉落下来。

但是，太空中的温度太低，－270℃的低温会让没有保护装置的鸟儿瞬间冻成冰块。同时，太空中也没有鸟儿所需的空气和食物。它们在既不能呼吸，也没有食物的环境之中是无法生存的。以鸟儿飞行的速度来说，它们不可能飞到太空中去，除非它们能达到火箭的速度，否则太空对于鸟儿来说是遥不可及的。

世界上一次飞行时间最长和飞行高度最高的鸟是什么鸟?

飞行时间最长的鸟是北美金鸻，它能以每小时90千米的速度连续飞行35个小时，能越过2000多千米的海面。

飞行高度最高的鸟是大天鹅和高山兀鹫，它们都能飞越世界屋脊——珠穆朗玛峰，其飞行高度能达到9000米以上。

 ## 太空中可以建造太阳能电站吗?

如果能在太空中建造太阳能电站，确实非常不错。没有了大气层的干扰，宇宙空间的太阳光要比地球表面上的强烈得多。举例来说，在1平方米的太阳能电池板上，地球表面上接收到的太阳能不到1000瓦，而在大气层之外，却可以接收到高达上万瓦的太阳能。

在太空建立太阳能电站的设想已经被科学家提出，目前正在筹划阶段。太空太阳能电站其实是一种地球同步发电卫星，它运行在3.6万千米高的地球轨道上，重量能达到10万吨以上。卫星的太阳能电池板总面积能

达到 100 平方千米，它所产生的电能更为惊人，高达 200 万千瓦至 2000 万千瓦。这些能量会以微波的形式传送回地球，经过转化之后并入电网，接着再传送到用户。

在未来，当太空太阳能电站建成的时候，就会迎来一个能源利用的新时代。

科学 放大镜 太阳能有什么优点？

太阳能既是一次能源，又是可再生能源。它资源丰富，既可免费使用，又无需运输，对环境无任何污染，为人类创造了一种新的生活形态，使社会及人类进入一个节约能源减少污染的时代。

大星系会吃掉小星系吗？

我们知道，自然界中的生存法则是优胜劣汰，那么，这条法则在宇宙中也适用吗？大的星系会将小的星系吃掉吗？

在宇宙中那些星系密集的地方，如果两个星系距离太近，它们之间会发生相互作用。两个星系会在这种作用下彼此吸引、逐渐靠近，经过很长的时间之后，两个星系就会合并成一个更大的星系，这就是星系间的相互吞并。

触须星系是两个正在合并的星系，它具有两只很长的角，如同昆虫的触须一般，非常漂亮，也因此得名。那么，触须星系的"触须"是怎么形成的呢？原来，触须星系的两只角，是由星系互相碰撞时产生的尘埃、气体组成的，触须星系最后就会发展成一个新的椭圆星系。

科学 放大镜 星团和星云有什么区别？

星云是一种由星际空间的气体和尘埃组成的云雾状天体，而星团是指恒星数目在 10 颗以上，且相互之间存在引力作用的星群。也可以说，星云是一种单个的天体，而星团则是无数恒星的组合。

如果仙女座星系与银河系相撞会发生什么事？

在宇宙之中，常有星系与星系碰撞的情况发生，假如我们所在的银河系与最近的邻居——仙女座星系发生了碰撞，会发生什么事呢？

如果真的发生了这种情况，地球的夜空中将不再有璀璨的星河，而银河也将永远从我们的视线中消失。那时的星空将发生剧烈的变化，每天看到的景象都不一样，是非常罕见的奇观。

但是就算是银河系会与仙女座星系相撞，那也是几十亿年之后的事了。在那时，太阳会比现在大得多，而且更为明亮，它将会令地球上的海洋蒸发殆尽，那个时候，可能地球上已经没有生命了。

科学 放大镜 太阳光有颜色吗？

太阳光是一种电磁波，分为可见光和不可见光。可见光是指肉眼看到的，如太阳光中的红、橙、黄、绿、蓝、靛、紫绚丽的七色彩虹光；不可见光是指

肉眼看不到的，如紫外线、红外线等。太阳光是由
显示出各种不同颜色的色光所组成的。

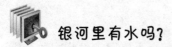

银河里有水吗？

晴朗的夜空，当你抬头仰望天空的时候，不仅能看
到无数闪闪发光的星星，还能看到一条淡淡的纱巾似的
光带跨越整个天空，好像天空中的一条大河，夏季时它
呈南北方向，冬季接近于东西方向，那就是银河。过去
由于科学还不发达，不知道它究竟是什么，于是人们又
称它为天河。中国古代传说中有这样的描写，当年王母
娘娘为了将牛郎和织女分开，就用簪子在天空中划出了
这道银河，而西方人则将其称为"牛奶色道路"。那么，
银河里有水吗？

虽然名字中有"河"字，但银河里并没有水，而是
由上千亿颗恒星组成。第一个揭开银河秘密的人是科学
家伽利略，他通过天文望远镜发现，银河是由密集的恒
星组成的。许多恒星要比太阳还要大，只是因距离地球
很远，所以看起来比较小。

 科学 放大镜 银河和银河系是一个概念吗？

银河不是银河系，而是银河系的一部分。银河系是太阳系所属的星系，因其主体部分投影在天球上的亮带被我国称为银河而得名。

恒星的位置是恒定不变的吗？

在宇宙之中，那些最亮的星星就是恒星，它们通常被人们用来当做宇宙的坐标。难道恒星的位置是一直恒定不变的吗？

我国的天文学家早在公元 8 世纪的时候，就发现天上的一些星星的位置与古代星图不符。这之后，英国的天文学家在对比过去的星图和自己所测得的结果时发现，很多星星的位置都发生了变化。

现代科学观测结果表明，许多恒星都在以每秒几十千米或几百千米的速度运动着，因其离我们太过遥远，所以我们可能要过了几万年才能用肉眼发现它们的位置有所改变。

夜空中的恒星到底有多少呢？恒星是由炽热的气体构成的，它们可以自己发光。在晴朗的夜晚，普通人用肉眼能看到大约 3000 颗恒星，如果借助天文望远镜，能看到几十万颗，甚至上百万颗恒星。

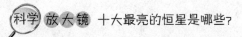 十大最亮的恒星是哪些？

恒星有着不同的色彩、体积形状和年龄，而区分它们最主要的特制就是亮度。十大最亮的恒星依次为：天狼星、老人星、阿尔法双星、大角星、织女星、五车二、参宿七、南河二、阿却尔纳星、参宿四。

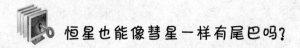 **恒星也能像彗星一样有尾巴吗？**

很多人知道，彗星带有尾巴。彗星的尾巴并不是形成之初就存在的，而是其在接近太阳时，受到太阳风的影响才形成的。因此，彗星的尾巴总是背着太阳的方向延伸开来。

恒星是燃烧的气体球，它们通常情况下是不会像彗

星那样有尾巴的，但有没有有尾巴的恒星呢？

　　科学家经探测得知，在距离地球约 350 亿光年的鲸鱼座上，有一颗拖着长尾巴的恒星，这颗恒星名叫米拉。米拉的体积处在不停地膨胀之中，其体积已经有 400 个太阳那么大了。米拉的尾巴与一般的彗星尾巴不同，它是由氧、碳、氮等多种元素组成的，长达 13 光年，与几千个太阳系的长度差不多。

　　事实上，米拉已经走到了其生命的尽头，它运行的速度非常快，能达到 130 千米/秒。米拉在运动的时候，会不断地脱落其表层的物质，也因为其飞行速度太快，这些脱落的物质回旋到了米拉的身后，形成了一条长长的大尾巴。

科学 放大镜 什么是穿甲燃烧弹?

　　穿甲燃烧弹是子弹的一种，它的弹头一般涂着黑色，其钢芯是由经过淬火的高碳钢制成的，弹芯外包裹着铅套。燃烧剂装在穿甲燃烧弹弹头的内部前端，这种子弹多用于射击敌人的轻型装甲目标和油箱。

如果超新星发生了爆炸，地球会被炸掉吗？

超新星的名字中虽然有"新"字，但它并不是新生的星体，而是正在步入衰亡的老年恒星。超新星在爆发时，其亮度会突然增加几亿倍，就如同让一只萤火虫变成了超大的探照灯一般，其释放的能量相当于太阳的千万亿亿倍。

超新星发生爆炸时，会将地球炸掉吗？让我们感到幸运的是，距离地球最近的超新星也有 1600 光年那么远，因此，超新星爆炸时所释放出来的巨大能量会因到达地球的路途太过遥远而最终减弱并消失。

然而，这样的极度爆炸会产生强烈的辐射，这种辐射将穿越整个宇宙，到达地球，使地球上的臭氧层遭到破坏。如果地球失去了臭氧层这层保护伞，地球上的生物基因会遭到破坏和突变，浮游生物和软体动物将大量地灭绝，地球上还可能会出现一些新的物种。

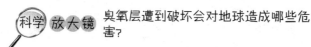

科学 放大镜 臭氧层遭到破坏会对地球造成哪些危害?

臭氧层遭到破坏后,其吸收紫外线的能力会大大降低,这会导致地球表面的紫外线明显增加,给人类的健康和生态环境带来多方面的危害,包括人体健康、陆生植物、水生生态系统、生物化学循环、对流层大气组成和空气质量等方面。

 ## 中子星的质量真的很大吗?

中子星是一种已经进入晚年的恒星,它是超新星爆炸的产物。中子星的直径不大,一般半径只有 10 千米至 20 千米,但其质量却和太阳质量差不多。

如此看来,中子星的密度非常大。科学家发现,在中子星上,每立方厘米物质足足有 1 亿吨重甚至达到 10 亿吨重。

另外,中子星的温度高得惊人。据估计,中子星的表面温度就可以达到 10000000℃,中心还要高数百万倍,有可能达到 6000000000℃。

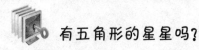

科学 放大镜 中子星是如何形成的?

中子星是由恒星演化而来的,但并不是所有的恒星都能最终变成中子星,只有那些质量非常大,且没有足够条件形成黑洞的恒星在消耗完所有的燃料后塌缩而成。中子星有强烈的磁场,并能发出无线电波。

有五角形的星星吗?

人们在绘画时,会用五角星来代替星星,而当我们在晚上仰望夜空时,看到天上的星星好像具有棱角一般,难道真的有五角形的星星吗?

我们在夜间看到的星星大部分为恒星,它们会发出类似于五角形或十字形的光芒。但其实,并没有五角形的星星。星星呈圆球体,它们之所以看上去会呈现出棱角,是因为星星的光在穿过大气层时发生了折射和散射现象。

恒星的光芒是自己发出的,为什么行星不能自己发光呢?这是因为恒星是由气体构成的,其内部会不断地

发生热核反应，释放出很大的能量，就如同在燃烧自己一般，因此恒星会自己发出光芒。行星的质量不及恒星，其温度没有恒星高，内部也没有热核反应，所以它们不会自己发光。

 科学 放大镜 燃烧必须具备哪些基本条件?

　　1. 可燃物。不管是固体、液体还是气体，只要它能与空气中的氧或其他氧化剂发生剧烈的反应，一般都是可燃物质，如纸张、木材等。2. 助燃物。凡是可以帮助或支持燃烧的物质都是助燃物。助燃物一般指氧和氧化剂，主要指空气中的氧。3. 火源。凡是可以引起可燃物质燃烧的物质都叫火源，如明火、电火花等。

 其他星球上也有人类吗?

　　在漫无边际的宇宙之中，地球可称得上是一颗幸运的星球，因为它距离太阳的距离适中，白天和晚上的温度也不冷不热，水可以存在而没有被蒸发殆尽，在空气中还存在着可供各种生物呼吸用的氧气，这些条件都是人类能够在地球上生存的必须条件。

其实，人们口中所说的或是书里描绘的天堂，既不在天上，也不在外太空，而就在我们所生存的地球上。因地球的体积和质量适中，并能将水分、大气吸住，从而形成了适合生物生存的最佳环境。

在浩瀚的宇宙中，如地球一般的星球还有很多，如果它们具有水和空气，并且温度适中，就很有可能有人类或是其他的生物在那里居住。但到目前为止，我们还没有找到其他有人类居住的星球，但或许在不久的将来，我们就可以找到那样的星球。

科学 放大镜 如何提高地球上的空气质量？

植树造林，增大绿化面积；使用清洁型能源，如太阳能、风能等；减少汽车尾气的排放；减少工厂废气、废水的排放；定期进行空气质量的监控，发现问题及时处理；提高全民素质，提高人们的环保意识等。

 ## 其他星球上会发生地震吗？

地震在地球上时有发生，那么，地震是地球上特有的现象，还是其他星球上也会发生地震呢？

其实，地震并不是地球特有的现象，其他星球也会有类似地震的现象发生。如：日震、月震、星震等。

太阳表面的大气每隔一段时间就会发生震动，而这种震动形成的原因是：太阳内部传播的声波发射到其表面，导致大气产生震动，并穿透了太阳的内部，而带动了整个太阳表面震动，这种现象就是"日震"。

科学家通过仪器监测发现，月球经常发生如地震般的震动，即"月震"。月震的时间较长，每次发生震动要持续一个小时左右。

为什么月球在如此长时间的震动下却没受到什么破坏性影响呢？

原来，月震的震源能达到 700 千米至 1000 千米深，而地震的震源一般只有几千米深，最深的也不超过 670 千米。由此可见，虽然月球时常发生月震，但它的级数只相当于地震的 2 级到 3 级，所以不会对月球造成什么破坏性影响。人们发现，引起月震的主要原因是太阳和地球的起潮力。

 科学 放大镜 为什么海底地震会引起海啸？

因海底地震产生的破坏性海啸，通常由震源在海底以下 50 千米以内、里氏震级 6.5 以上的海底地震引起。海水的压缩性很小，当受到地震能量的作用后，水体只能以同等规模的波动形式把能量传递出去。当海啸波进入大陆架前海，因深度急剧变浅，能量集中，波高会突然增大，有可能会出现海啸。

 矮星指的是星星之中的"侏儒"吗？

人们常用"侏儒"来指那些身高矮小，或患有侏儒症的人。那么，"矮星"是指星星中体积小的星星吗？

我们从名字上不免会对矮星产生联想，认为它是个"矮子"，但事实上，矮星的命名与星星的大小并无关系。矮星原是指本身光度较弱的星，现专指恒星光谱分类中光度级为 V 的星，如太阳、天狼星等。

到目前为止，人们所发现的星体之中体积最小的是中子星，它们的半径只有 10 千米至 20 千米，但其密度特别大，每立方厘米的质量就有 1 亿吨以上，甚至达到10 亿吨。

 科学 放大镜 什么是矮星系？

矮星系是光度最弱的一类星系。因为矮星系光度弱，所以在 5 万秒差距之外是看不到的。这类星系非常难以测出，因为他们不像大星系那样明显和发亮，但在数量上却超过了大星系。在我们银河系附近紧挨着许多矮星系，其数量比其他所有类型星系之和都多。

星星之间的距离是怎样表示的？

平时我们是用米、千米等来表示长度，但宇宙之大，远远超出了人的想象，像米、千米这样的单位根本无法满足表述宇宙中星星间距离的需求，因此，人们采用光年来表示。

1光年所表示的意思为光在1年的时间里所经过的距离，我们不妨想象一下，这个距离会有多么的长。因此，"光年"虽然有个"年"字，但它并不是表示时间的单位，而是表示距离的单位。

除了太阳之外，距离地球最近的恒星是比邻星，它与地球相距约4.22光年，即从地球上发射一束光线，要经过4.22年的时间才能到达比邻星。

目前人类探知的最遥远的星，距离地球已达150亿光年——如果这个星体正好是150亿年前宇宙大爆炸时诞生的，那么，人类看到的就是它刚刚诞生时发出的光。

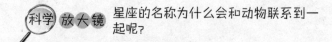

科学 放大镜 星座的名称为什么会和动物联系到一起呢?

星座的名字与动物联系到一起，是古人们想出来的。星星组成星座并不是因其之间有什么必然的联系，星座是古人们为了更好地认识星空而随意划分的。星座起源于四大文明古国之一的古巴比伦，古巴比伦人发现天空中的星星会随着季节的变化而变化。然而，星星之间的相对位置是不变的，所以，古巴比伦人将天空分为许多区域，称其为"星座"。

 ## 为什么看不到绿色的星星呢？

如果我们用望远镜来观测星空，会发现星空是五光十色的。红色、黄色、橙色、蓝色和白色的星星布满了天空，但唯独绿色的星星人们未曾看到，这是为什么呢？

事实上，星星的颜色与它们的表面温度有很大关系。通常来说，温度高的恒星会呈现出蓝白色，而温度低的恒星则呈现出红色。

太阳的表面温度大约是 6000℃，看上去是黄颜色的；天狼星的温度比太阳高，差不多有 10000℃，它看起来是白颜色的；位于天蝎座的"心宿二"的表面温度不到 3600℃，呈现出红色。星星表面的温度越高，它发出的光中蓝光的成分就越多，因此看上去呈蓝白色；星星表面的温度越低，它发出的光中红光的成分就越多，所以看上去就呈红色。

当然，绿色的星星或许是存在的，但在大气折射和反射的影响下，我们的眼睛会产生错觉，以至于将颜色看错。

星星发出的光，不仅告诉了人们它的表面温度为多少，还为人们揭示了很多隐藏的秘密。科学家能通过天文光仪器将星星发出的光分解成光谱，这种光谱就如同星星们各自的身份证一样，上面会详细地纪录星星的温度、大气成分、运行方向和运行速度等特征。

 科学 放大镜 三维空间是指什么？

我们常听到三维空间这个词，三维空间到底是什么意思呢？维，是指方向，而三维，即立方体三个轴——长、宽、高的坐标，我们可以简单地将其理解为前后、左右和上下。我们所看到的世界就是由前后、左右和上下构成的，所以说我们生活在三维空间中。

 为什么白天看不到星星？

在太阳落山后，天空逐渐地暗淡下来，此时我们才能看到天空中的星星。在晴朗的夜晚，我们抬头仰望天空时，更是能看到很多的星星。为什么在白天看不到星

星呢?

有些人说,月亮和星星只有在漆黑的夜晚才会发光,当白天太阳出来后,它们就不会发光了,所以我们看不到,这是真的吗?

事实上,天空中的星星一直都在发光,但太阳的光芒比星星的光芒更为强烈。在白天时,天空被太阳照得很亮,星星的光芒被遮掩住了,所以我们看不到星星。

不知大家注意过没有,在夏季晚上看到的星星要比冬季晚上看到的星星多,这是什么原因呢?

原来,夏季时,地球公转到了银河系与太阳系之间的位置,这里能看到银河系中星星最多的部分;而冬季时,地球公转到接近银河系边缘的地方,那里的星星数量较少,所以冬季夜晚看到的星星较少。

科学 放大镜 为什么人突然从黑暗的地方到明亮的地方,眼睛很难适应?

人的眼睛里有瞳孔,光线进入眼睛就必须经过它。瞳孔的大小因受外界的光线影响是可以调节的。当光线强时,瞳孔变小,以减少过多光线进入眼睛;当光线弱时,瞳孔变大,以便更多光线进入眼睛,让我们在比较黑暗的地方能够看见环境和事物。

瞳孔的调节是有一定过程的,当我们从黑暗的地方到明亮的地方，瞳孔在极短的时间之内还没有调节到合适的程度，光线在那一瞬间大量进入眼睛，眼睛就会受到刺激，一时难以适应。

 ## 太阳比其他星星大很多吗？

太阳系中质量和体积最大的恒星就是太阳，那么，太阳和其他星星比起来，是不是很大呢？

其实，太阳只不过是银河系中一颗非常普通的恒星，在银河系里，比太阳大的恒星有很多，它们的质量都比太阳的质量大几倍甚至几十倍以上，体积也要比太阳大得多。

举例来说，天狼星的体积是太阳的 2 倍，而大角星的体积是太阳的 24 倍。令人称奇的心宿星，其体积是太阳的 230 倍。

因为距离远近的不同，我们从地球上看到的太阳要比其他星星大很多，但实际上并非如此，这只是人的视觉上的一种错觉。

错觉是指人们对外界事物做出了不正确的感觉或知觉。平时最为常见的错觉是视觉方面的。产生错觉的原因,除了来自客观刺激本身特点的影响外,还有观察者本身生理上和心理上的原因。

太阳上会下雨吗?

在地球上,如果地表温度达到了 50℃ 左右时,人就有可能因中暑而出现生命危险。太阳表面的温度有 6000℃,别说是人不能在太阳上生存,如果宇宙飞船靠近太阳,都会被烧得精光,就连不怕火炼的金子到了太阳上,也会在刹那间变成一股"金气"而消失得无影无踪。

科学家推测,太阳中心的温度要比起表面的温度高得多,据估计,太阳中心的温度能达到 15000000℃。科学家经研究发现,太阳是由一些气体组成的,其中氢的含量最多,占到了 71%;第二位的是氦,约占 27%;剩下的其他气体占了 2% 左右。因为太阳上全是气体,没有什么江河湖海，也就形成不了积雨云，这也就是说，在太阳上根本不具备下雨所需的条件。

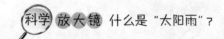 什么是"太阳雨"？

太阳雨是指太阳和降雨同时出现的情况。万里晴空的好天气，怎么有时会下雨呢？其实下太阳雨时，还是有云的。当太阳还没有完全被乌云遮住，而一股冷气流已经来到的情况，就可能会形成太阳雨。

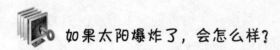 如果太阳爆炸了，会怎么样？

太阳与其他恒星一样，最终都会发生爆炸，变得"烟消云散"。一颗恒星如果用尽了其内部热核反应的氢时，它就没有了动力，其生命历程也就走到了尽头。

太阳现在的年龄并不算老，相当于人类的中年。等再过50亿年后，太阳将步入老年。太阳随着其能量消耗完毕，会突然膨胀起来，变成一颗红巨星，将水星、金星、地球等全部吞噬掉。到了那个时候，地球的生命

也走到了尽头，地球上的一切生命也都会化为乌有。

但是，我们不用害怕，因为距离太阳发生爆炸的时间还早着呢。在太阳还没有发生爆炸之前，人类很有可能就已经转移到其他安全的星球上去了。

 科学 放大镜 太阳表面是平静的吗？

科学家通过专业望远镜能看到，太阳表面并不平静，它就如同是一锅烧开了的"粥"，上面有很多小的斑点，如同在锅里翻滚的"米粒"一般。其实，这些"米粒"的直径要大得多，通常它们的直径都在300千米至1000千米，而其平均寿命只有8分钟左右，它们是光球下面的气体在对流时产生的一种现象。

如果太阳不发出紫外线，对人类来说是好事吗？

大家知道，紫外线对人体有一定的伤害，太阳如果不发出紫外线，对人类来说是好事还是坏事呢？

虽然紫外线会对人的皮肤造成很大的危害，如加速皮肤老化，甚至能引发皮肤癌等，但我们也要看到紫外线对大自然的好处。

紫外线可以杀毒消菌，促进细胞的分裂和植物的生长。对于人来说，紫外线可以促进人体骨骼的发育，还能合成人体所需的维生素。例如，很多人喜欢吃蘑菇，而蘑菇中的维生素 D 正是通过晒太阳得来的。

因此，紫外线的存在是大自然的一大福音，没有了它，大自然的生物将面临生存的灾难。

科学 放大镜 哪些人容易受到紫外线的伤害？

　　具有白皙的皮肤，或者是皮肤不容易晒成棕褐色的人；皮肤上有雀斑或是皮肤多痣的人；有皮肤癌家族病史的人；长期从事户外工作的人，或长期在室内工作的人；居住在高海拔地区的人等。

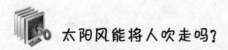

太阳风能将人吹走吗？

不只是地球上有风，太阳上也会刮风。太阳风是来自太阳的一种带电粒子流，它看不见，也摸不着，但其

速度却非常快，平均每秒能达到 350 千米。太阳风猛烈时，其速度能达到每秒钟 1000 千米，这种速度是地球上最快速风的 500 多倍。太阳风从太阳出发再到地球上，只需要五六天的时间，而且它还能一直吹到冥王星轨道之外。

假如人被太阳风吹到了太空中，就没有生还的可能了。太空中温度极低，人又缺少食物和氧气，再加上没有宇航服的保护，人会很快被冻死，尸体会被太阳风吹出太阳系之外。

但大家不用担心，事实上，太阳风是吹不动人的，虽然它的速度很快，但力量却极低，太阳风只能吹动如彗星这种无重量的物体，所以大家对于这点不用忧虑。太阳风就连地球上的旗帜都吹不起来，更不用说几十千克重的人了。

科学放大镜 冬季时地球处于近日点，为什么气温还那么低呢？

夏天时地球处于远日点，冬天时则处在近日点，这也就是说冬天时我们距离太阳更近，但为什么还那么寒冷呢？这是因为地球温度和太阳照射角度有关。我国处于北半球，北半球冬天时太阳直射南半球，北半球的阳光是斜射过来的，吸收的热量少，所以温度低。而此时南半球是夏季，温度则较高。

 ## 太阳也在公转自转吗？

太阳系中，包含我们的地球在内的八大行星、一些矮行星、彗星和其他无数的太阳系小天体，都在太阳的强大引力作用下环绕太阳运行。

太阳系的疆域庞大，仅以冥王星为例，其运行轨道距离太阳就有 60 亿千米之遥远，而实际上太阳系的范围还要比这个距离大数十倍。

但是这样一个庞大的太阳系家族，在银河系中却只是沧海一粟。银河系拥有至少 1000 亿颗以上的恒星，直径约 10 万光年。太阳位于银道面之北的猎户座旋臂上，距离银河系中心约 30000 光年。

太阳一方面绕着银河系的中心以每秒 250 千米的速度旋转，周期大概是 2.5 亿年，另一方面又相对于周围恒星以每秒 19.7 千米的速度朝着织女星附近方向运动。

并且，太阳和其他天体一样，也在围绕自己的轴心自西向东自转，但观测和研究表明，太阳表面不同的纬度处，自转速度不一样。在赤道处，太阳自转一周需要25.4天，而在纬度40°处需要27.2天，到了两极地区，自转一周则需要35天左右。这种自转方式被称为"较差自转"。

 科学 放大镜 恒星也会死亡吗？

恒星有自己的生命史，它们也会从诞生、成长到衰老，最终走向死亡。它们大小不同、色彩各异，演化的历程也不尽相同。恒星与生命的联系不仅表现在它提供了光和热。实际上构成行星和生命物质的重原子，就是在某些恒星生命结束时发生的爆炸过程中创造出来的。

为什么有时能看到天空中有多个太阳？

传说天上曾有十个太阳，庄稼都被炙热的太阳烤焦了，石头也被融化了，甚至连大海都像烧开的水一般沸腾起来。在如此恶劣的环境下，人们几乎无法生存。后来，有个叫后羿的人，用弓箭射落了九个太阳，留下了一个太阳给人们带来温暖和光明。

虽然这只是一个传说，但有的人真的看到过天空中同时出现几个太阳，这是什么原因呢？其实，这是一种大气光学现象，叫做"多日同辉"，是日晕的一种。真正的太阳只有一个，其他的都是假象而已。

出现多日同辉这种天气现象，需要的气象条件是比较苛刻的。第一个条件是天空要有适量的云，太多或太少都不行，云是产生多日同辉现象的物质载体。第二个条件是空气中必须要有足够多的水汽，一般的都须是六菱体的冰晶，这样才能产生光的折射。最后一个条件是风要比较小，大气层也要比较稳定，否则，有规则的冰晶就会被打乱，这样就形成不了有规律的光的折射现象。

科学 放大镜 为什么清晨的太阳看起来又大又圆？

清晨的太阳从东方升起，那时的太阳看起来又大又圆，这是为什么呢？其实，这是人眼睛的错觉。清晨的太阳从地平线升起，我们会以树木和房屋作

为参照物，所以太阳看起来非常大。当中午的太阳升到我们的头顶时，我们的参照物变成了广阔无边的天空，因此太阳就显得小了。

 ## 我们身边有比太阳还热的东西吗？

太阳的温度极高，虽距离地球很远，但依然能给我们带来温暖。但是你知道吗？我们身边就有一种东西，它的温度比太阳还要高呢！

很多人小时候喜欢玩肥皂泡，而科学家发现，肥皂泡是一种非常神奇的东西。当肥皂泡破裂的那一瞬间，其温度居然比太阳还要高，能达到 20000℃。

为什么小小的肥皂泡在破裂时能产生如此高的温度呢？科学家经研究发现，肥皂泡在破裂时，其内部的分子和原子之间会发生激烈的碰撞，在此作用下，温度会急剧上升。

那么，为什么如此高的温度，我们在用手碰破肥皂泡的时候却感觉不到呢？其原因在于肥皂泡破裂的瞬间太快了，就如同人用手在火焰上快速划过一般，是根本感觉不到温度的。

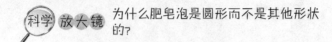为什么肥皂泡是圆形而不是其他形状的?

肥皂泡本身具有张力,气体进入肥皂泡后,对肥皂泡会产生压力,而这种压力在各个方向都相同,于是肥皂泡就呈现出了圆形。

 ## 水星是由水构成的星球吗?

水星是太阳系内与地球相似的四颗类地行星之一,有着与地球一样的岩石个体。那么,为什么要将其命名为水星呢,难道水星上面全都是水吗?

水星是太阳系八大行星最内侧的一颗行星,也是最小的,并且有着八大行星中最大的离心率。水星上的阳光比地球赤道上的阳光还要强烈数倍,这就使得水星面向太阳的那一面温度能达到 400℃ 以上,而背向太阳的一面会达到 - 170℃,这种环境中是不可能有水的。

既然水星上没有水,它为何叫做水星呢?

其实,水星是我国古时候的人给它所起的名字,古

人用阴阳五行来代表日、月、行星，并将行星分别命名为金星、木星、水星、火星和土星。水星只不过是一个名字，并不是因为上面有水。

科学 放大镜 什么是类地行星？

类地行星是以硅酸盐石作为主要成分的行星，水星、地球、火星、金星都属于类地行星。类地行星的结构大致相同：一个主要是铁的金属中心，外层则被硅酸盐地幔所包围。它们的表面一般都有峡谷、陨石坑、山和火山。

水星上也有电闪雷鸣吗？

地球上常出现电闪雷鸣的现象，那么，水星上会出现同地球上一样的电闪雷鸣的现象吗？

事实上，水星上并不存在这样的现象。这是因为水星上的大气非常稀薄，几乎可以当作其不存在。水星距离太阳的距离很近，白天最高温度能达到430℃，这样的高温使得大气原子迅速地消散到太空中，与地球稳定的大气相比，水星的大气频繁地被补充替换。此种条件下，水星上是不会出现电闪雷鸣的。

虽然水星上没有电闪雷鸣，但它却拥有太阳系中其他行星所没有的"之最"。

公转速度最快：因距离太阳最近，受到太阳引力的影响，水星在轨道上公转比其他行星都快，其公转的速度为每秒 48 千米，这个速度比地球公转每秒快 18 千米。

表面温差最大：因没有大气的调节，且距离太阳很近，水星向阳面的温度能达到 400℃ 以上，而背阳面的夜间温度能降到 −170℃，昼夜温差能达到约 600℃，这是一个名符其实的冰与火的世界。

卫星数量最少：太阳系中卫星的总量超过了 60 个，但到目前为止，水星的卫星数量是最少的。

科学 放大镜 怎样预防雷电的袭击？

注意关闭门窗，室内的人员要远离门窗、水管和煤气管等金属物体；切断家用电器的电源，并拔下插头，以防雷电通过电线入侵；如果在室外，不要在空旷的野外停留，要找低洼之处躲藏起来，或马上蹲下，以降低身体的高度；远离孤树、高塔、

电线杆和广告牌；马上停止如游泳、划船和钓鱼等
室外水上活动；如果室内的人较多，相互之间不要
拥挤，防止人被雷电击中后电流互相传导。

 ## 金星的旋转方向为什么与太阳系中其他星球不同？

金星与地球有很多的相似之处。第一，金星的半径
在 6073 米左右，只比地球半径小 300 千米；第二，金
星的体积和质量约为地球的 4/5；第三，金星的平均密
度比地球略小一些。

虽然金星和地球有这么多相似之处，但金星的表面
环境可要比地球的恶劣多了。金星上看到的太阳要比地
球上看到的太阳大 1.5 倍，而金星地表温度高约 480℃，
没有液态水存在。此外，金星上的气压极高，而且缺氧
现象严重，所以金星上没有任何生命。如此看来，金星
与地球是一对"性格"上有着很大差异的"姐妹"。

太阳系中的星球大都为自西向东旋转，金星是唯一
一个自东向西旋转的星体，为什么金星会如此特立独

行呢？

天文学家分析，太阳的引力磁场使整个太阳系内的行星都固定地朝同一个方向旋转，像金星这样的"特殊分子"，可能是在其形成初期遭到其他天体的猛烈撞击而改变了其原来的旋转方向。

 科学 放大镜 如何预防和减轻高原缺氧反应？

人在高原一定要注意保暖，如果衣服穿得不够，体温会很快流失，容易引起高原反应；在吃东西时，一定要注意不要吃得过饱，因为胃在消化食物时需要消耗氧气，胃部消耗的氧多了，血液中的氧含量就会降低，从而导致产生高原反应；初到高原不要洗澡或泡澡，洗澡会消耗体力，水蒸气在浴室内会稀释空气中的氧气，使浴室内的氧含量降低；在高原行走的速度要慢，边走边休息，千万不能跑。

 为何金星上的一天比一年时间要长？

金星是太阳系八大行星中离地球最近的行星，因为其质量与地球类似，有时也被人们叫做地球的"姐妹

星"。而且，金星也是太阳系中唯一一颗没有磁场的行星。

金星的自转很奇特，其自转方向与太阳系中其他行星的自转方向正好相反，是自东向西转的。也正因为这样，金星上的太阳是从西边升起，从东边落下的。金星围绕太阳公转的速度大概为每秒钟 35 千米，其公转周期约为 224.7 地球日，但其自转的周期却为 243 地球日，因此，金星上的一天比一年时间要长。

金星总是出现在黎明和黄昏时分。于黎明前出现在东方天空的，被人们称为"启明星"；而有时在黄昏后出现在西方天空的，则被人们称为"长庚星"。因金星的轨道在地球轨道的里面，这在天文学界称为"地内行星"。如果我们在白天观察金星，太阳光会将金星的光芒遮盖住，而在夜晚时，金星又会随着太阳落到地平线的下面，所以，我们只有在日出之前和日落之后那短暂的时间内才能看到金星。

科学 放大镜 火星为什么看上去是红色的?

火星是太阳系中从里向外数的第四颗行星，从地球上看，火星的颜色为红色。那么，火星为什么看上去是红色的呢?

在我们的平时生活中,很多铁质物品用久了表面就会生锈,呈现暗红色,这其实是铁与空气发生反应而产生了氧化的现象。而火星会呈现出红色,和这个原理差不多。火星表面的土质中含有大量的氧化铁,所以火星看上去很红。

 ## 科学家是如何确定地球在宇宙之中的位置的?

当我们看着太阳系图片的时候,可能不禁会好奇,科学家是如何确定地球在宇宙之中的位置的呢?

在确定地球位置的时候,科学家利用了地球周围的脉冲星。因为脉冲星基本保持不动,且能发出 X 射线,这种射线可以在宇宙之中为地球确定位置。

脉冲星是中子星的一种,是能发射出脉冲信号的星体,其宇宙之中的位置处于相对不变的状态。脉冲星发射出的射电脉冲具有很好的规律性。起初,人们还以为这种射电脉冲是外星人为了与人类取得联系发出的信号呢。当科学家发现了脉冲星的规律之后,就利用 14 颗

脉冲星为地球在宇宙之中确定了位置。

美国在 20 世纪 70 年代时，向太空中发射了"先驱者 10 号"和"先驱者 11 号"探测器，探测器上带有一张特制的"地球名片"，目的是能向外星人介绍地球。在"地球名片"之上，太阳系和地球的位置用太阳和 14 颗脉冲星的相对位置关系表示出来。

科学 放大镜 真的有外星人吗？

"外星人"一直以来都是热门的话题，很多人声称看见过飞碟，甚至有些人说他们见过外星人。那么，外星人真的存在吗？其实，既然生命能够在地球上产生，那也完全有可能在其他行星上产生和演化，并发展出具有智慧的生物。而其中必定有一部分要比现在的人类文明更为先进，基于此，天文学家认为，在地球以外的星球上出现智慧生物是完全有可能的。

假如地球上的重力与木星上的重力一样，会怎么样？

　　木星上的重力约为地球重力的 2.3 倍，假如地球的重力提升到木星的重力水平，那么，地球上所有的物体都将会增重约 2.3 倍。到了那个时候，地球上会糟糕很多，很多东西都会因承受不了重量而出现问题。比如，果树上的水果会将树枝压折，噼里啪啦地掉到地面上，搞不好还会伤到人，甚至给人带来生命危险。

　　地球的重力发生改变后，天空中飞翔的鸟儿有大部分会摔到地面上。而飞机就更惨了，它们因没有足够的动力而不能在天空中正常飞行，也不可能在新的重力下安全着陆，所以基本上会全部坠毁。

　　人们在巨大的重力下会变得寸步难行，体内的压力也会增大，大脑会出现供血不足的情况。随着时间的推移，地球上的所有动物和植物，甚至包括山峦都会慢慢变矮，而人们也会像海豹那样只能在地上爬着移动。

科学 放大镜 怎样提高弹跳力？

克服地球的重力才能向上跳起，很多人都想提高自己的弹跳力，以在运动中保有优势。我们可以通过以下几种方法来提高自身的弹跳力：

1. 练习半蹲跳。身体呈半蹲姿势，双手放置体前，向上跳起 25 厘米到 30 厘米，跳上空中后双手放在体后。

2. 在平地站好，脚尖着地，脚跟完全抬起，将脚跟抬到最高点后再慢慢放下。

3. 身体站直，双脚与肩同宽，向上跳起。起跳时要用小腿的力量，只能弯脚踝，膝盖尽量不要弯曲，等落地后再迅速向上跳起。

如果地球不是倾斜旋转，会怎么样？

地球一边绕着太阳公转，一边围绕着自己的中心轴进行自转。然而，地球的中心轴与其公转的轨道平面并不是垂直的，而是有一个约为 23°26′ 的交角，即黄赤交角。因此，地球是斜着身子进行旋转的。也正是因为有了这个交角，地球上的南北半球才会有季节的划分。

当太阳直射北半球时，北半球的温度较高，北半球处于夏季，而这个时候的阳光是斜射到南半球上的，所以南半球的温度较低，处于冬季之中。等过了半年之后，南北半球的季节会发生互换，北半球是冬季，而南半球则为夏季。

假如地球不是倾斜旋转而是直立旋转，那么地球的气候会发生重大变化，太阳光就会始终直射在地球的赤道上，那么赤道和赤道附近的温度会很高，而越远离赤道的地方，温度会越低。而且，地球各地的温度都不会有太大的改变，冷的地方会一直很冷，热的地方会持续高温，也就没有了四季之分。

科学 放大镜 什么是黄赤交角?

地球的自转和公转是同时进行的，自转表现为天轴和天赤道，公转表现为黄轴和黄道。赤道面是指地理坐标系上赤道所在的平面，黄道面是指地球绕太阳公转的轨道平面。由于地轴是倾斜的，地轴垂直于赤道面，所以赤道面和黄道面构成一个 23° 26′ 的夹角，这个夹角叫做黄赤交角。

科学家是如何发现地球上的陨石的？

陨石的种类有很多，分为石质陨石、铁质陨石、石铁混合陨石等，那么科学家们是如何发现并鉴定出这些降落到地球上的陨石的呢？

陨石在穿过大气层时，其温度迅速升高，表面会在高温的作用下融化掉，等其冷却之后就会形成一层融壳，在气流的作用下，陨石的表面还会形成如手指印一般的气印。铁陨石和石铁陨石的内部含有细小的金属颗粒，具有磁性。此外，陨石的重量要比普通的石头重很多，因此，科学家们一般通过外表就能辨认出哪些是石头，哪些是珍贵的陨石。

太空中除了有陨石掉落到地球上，还有陨冰。陨冰是从彗星的核心部分溅射出来的碎冰块。这些碎冰块不小心进入了大气层，掉落到地球表面。陨冰与其他冰块没什么区别，在掉落到地面之后也会融化掉。陨冰是非常珍贵的天外来客，它要比陨石珍贵得多，目前科学家们正在研究陨冰的形成原因。

科学 **放大镜** 流星和陨石有什么关系？

陨石在落入地球大气层时会与大气摩擦产生光热，其实这就是流星。夏季的夜晚，流星产生白色的光亮划过夜空，非常漂亮。流星就是进入大气层的陨石、尘埃颗粒等物质发光发热的现象。

 # 地球上的水来自哪里？

我们知道，地球上大部分的区域都被海洋所覆盖，这么多的水到底来自哪里呢？是地球自己的产物，还是外太空输送过来的呢？对于这个问题，科学界有不同的看法。

有些科学家认为，地球上的水来自于太空中的彗星。之所以这么认为，是因为科学家发现了可证明这一理论的依据——一颗被称为利内亚尔的冰块彗星。据估算，利内亚尔含有 33 亿千克的水，如果将这些水洒在地球上，会形成一个很大的湖泊。但令人感到遗憾的是，利内亚尔在阳光的作用下蒸发掉了。可能有人不禁会问，太空中还有与利内亚尔相似的彗星吗？

　　科学家经过了长期的观察和研究发现，太空中的确存在与利内亚尔相似的彗星。在几十亿年前，木星附近的地方形成的彗星，含有与地球上海洋里的水相同成分的水，而有趣的是，利内亚尔彗星也正是在木星附近诞生的。天文学家们认为，在太阳系形成的初期，有很多与利内亚尔相似的彗星从木星附近落到地球上，最终形成了地球上的海洋世界。

　　还有一种说法是，大约在 50 亿～55 亿年前，云状宇宙微粒和气态物质聚集在一起，形成了最初的地球。原始的地球既无大气，也无海洋，是一个没有生命的世界。在地球形成后的最初几亿年里，由于地壳较薄，加上小天体不断轰击地球表面，地幔里的熔融岩浆易于上涌喷出，因此，那时的地球到处是一片火海。随同岩浆喷出的还有大量的水蒸气、二氧化碳，这些气体上升到空中并将地球笼罩起来。水蒸气形成云层，产生降雨。经过很长时间的降雨，在原始地壳低洼处，不断积水，形成了最原始的海洋。经过地质历史的沧桑巨变，原始的海洋逐渐形成了如今的海洋。

科学 放大镜 海和洋一样吗？

洋，是海洋的中心部分，是海洋的主体。世界大洋的总面积，约占海洋面积的 89%。大洋的水深，一般在 3000 米以上，最深处可达 10000 多米。世界共有 4 个大洋，即太平洋、印度洋、大西洋、北冰洋。

海，在洋的边缘，是大洋的附属部分。海的面积约占海洋的 11%，海的水深比较浅，平均深度从几米到 3000 米。

为什么地球是圆的，而我们在平时看到的地面却是平的呢？

我们通过书本知识得知，地球是圆形的，这样来说，地面应该呈现出弧形才对，但为何我们平时看到的地面却是平的呢？

其实，这是因为我们所在的地球是一个非常大的球体，地球的周长有 40000 多千米，半径有 6000 多千米，与之相比较，人的脚掌平均有十几到二十几厘米长，走

上一步的距离也不到 1 米，因此，在人的视线范围内，地球的弧度变化太小了，我们用肉眼是不会发觉的，几乎可以忽略不计，所以我们平时看到的地面是平的。

科学 放大镜 地圆学说是何时提出的？

公元前 6 世纪，古希腊数学家毕达哥拉斯，第一次提出"地球"这一概念。公元 2 世纪，希腊地理学家托勒密，在他的《天文学大成》中论证了地球是一个球形。1519 年至 1522 年，葡萄牙探险家麦哲伦，率船队完成了人类历史上第一次环球航行，以无法辩驳的事实向世界证明了地球是圆形的说法。

同样是在地球上，会因地点不同而体重也不同吗？

有人认为距离赤道越近，人的体重就会变得越轻，这是真的吗？其实，这是有一定道理的。

地球上的人们受到地球引力的影响而产生了重力加速度，其与相对重量成反比例关系。这里所说的相对重量，是实地测量得到的重量。

之所以会出现这样的情况，是因为地球是椭圆形的，而地球的赤道半径是 6378.160 千米，极半径为 6356.755 千米，二者相差 21.385 千米，而因此产生的惯性离心力也会因纬度的降低而逐渐增大，也就是说，赤道附近的物体的一部分重力会被惯性离心力所抵消掉。

科学家发现，赤道的地球纬度是 0°，而其附近的重力加速度是 9.780；北极的地球纬度是 90°，其附近的重力加速度为 9.382，二者之比约为 1000∶995，即在两极重为 100 千克的物体，在赤道附近称得的重量却只有 99.5 千克。

科学·放大镜 地球上最热的地方是赤道吗？

地球上最热的地方并不在赤道，而出现在北纬 20°至 30°大陆上的沙漠地区。在热带大陆非洲，苏丹夏季气温高达 47℃以上，素有"世界火炉"之称。埃塞俄比亚东北部的达洛尔年平均气温高达 34.5℃，居世界之首。利比亚首都的黎波里以南的阿济济亚，曾观测到 57.8℃的世界极端最高气温，一度被称为"世界热极"。后来，这一记录被伊拉克的巴士拉所破，在那里观测到的极端最高气温达 58.8℃，成为新的"世界热极"。

 ## 地球上最厚的地方在哪里?

如果有人问地球上最厚的地方在哪里，也许有很多人会想到是珠穆朗玛峰，这是因为它是地球上的第一高峰。但是这个答案是错误的，因为题目说的是地球最厚的地方，即地心到峰顶的距离，而不是单纯地比较哪座山峰最高，因为山峰的高低是按照海拔高度来计算的。

其实，地球上最厚的地方是位于南美洲厄瓜多尔的钦博拉索峰。钦博拉索峰是一座呈圆锥形状的死火山，其海拔高度为 6272 米，因距离赤道较近，从峰顶到地心的距离为 6384.10 千米，而珠穆朗玛峰的峰顶到地心的距离为 6381.95 千米。从比较中不难看出，钦博拉索峰距离地心更远，因此是地球上最厚的地方。

科学 放大镜 地核的温度是多少?

地核是地球的核心部分，主要由铁、镍元素组成，其半径约为 3480 千米，占地球总体积的 16%。2007 年 4 月，美国的科学家公开表示，他们已经测出地核到地幔边界的温度大约为 3700℃，并估计地核内部温度可能超过 5000℃，这几乎与太阳表面一样热。

 ## 人类数量持续增多，会令地球"不堪重负"吗？

地球上的人口数量在不断地上升中，有的人不禁开始担心，人口重量持续增加，地球会不会被"压垮"啊？其实，这种担心完全是多余的，我们一起来看看其中的原因。

自然界中有一条亘古不变的定律——能量守恒定律，它解释了能量守恒的原理，说明能量既不会增加，也不会消失，只会以一种形式转化为另一种形式，或者从一个物体转移到另一个物体上，在转化或转移的过程中，其总量不变。

地球上的一切物质，都以不同的形式存在着，地球物质的总能量是不变的。人们能改变的，只是物质的存在形式。当新的物体产生时，它一定是以消耗另一种物体为代价的，也就是说，只要有新的东西产生，就一定

会有东西消亡。

因此，就算地球上的人口再多，地球本身的重量还是不变的，我们不用担心地球会因人口数量的增加而"不堪重负"。

 科学 放大镜 能量守恒定律有什么意义?

> 从日常生活到科学研究、工程技术，能量守恒定律都发挥着重要的作用。人类对各种能量，如煤、石油等燃料以及水能、风能、核能等的利用，都是通过能量转化来实现的。能量守恒定律是人们认识自然和利用自然的有力武器。

火星上真的有金字塔吗?

20世纪的70年代，美国的宇宙飞船在火星上发现了一些奇怪的庞然大物，这些物体从远处看去，就如同是底面为四边形的金字塔。又过了几年，美国的另一艘宇宙飞船也在火星上拍到了"金字塔"的照片，此外，在距离"金字塔"不远的地方还发现了一块巨大的"人面雕塑"，它与埃及的狮身人面像极为相似，仿佛在抬头注视着星空，给人以神秘的感觉。

曾有人推测，火星上的金字塔和人面雕塑已经存在50万年了，在很久以前，火星上也曾非常辉煌，上面居住着各种生物，但因某种原因，很可能是发生了大灾难，火星上的生物因此都灭绝了。

但是有关科学家称，火星上并没有金字塔，更别说有火星人了，那些所谓的"建筑物"只不过是自然侵蚀的结果。

在19世纪，美国有个叫洛威尔的天文学家，他和当时的一些人一样，认为火星上有运河，洛威尔不惜将自己的家产全都变卖，用这笔钱在沙漠高地上建造一个私人天文台。洛威尔声称自己看到了500多条火星运河，但随着科学的发展，我们知道，那些所谓的"运河"是由于人的视觉差异造成的，其实并不存在。

科学放大镜 火星上有神秘洞穴？

日前，美国科学家借助火星探测器发现火星上有很多奇特的洞穴，它们分布在火星阿尔西亚火山的侧面，洞口的宽度在100米到252米之间，因在

洞口观测不到洞底，科学家估计这些洞最少有80米到130米深。如果火星上有生命存在，这些洞穴很可能是火星生物赖以生存的地方，而如果条件适宜，人们在登陆火星后，可以利用这些洞穴作为居住点。

 ## 如果在火星上种植植物，如何才能令它们茂盛地生长？

火星上荒芜一片，若是在上面种植些植物，没准能为火星增加些生气。然而，这件事做起来并非易事。火星不同于地球，那里大气稀薄，昼夜温差非常大，此外，火星上的土壤贫瘠，在这样的条件下，植物是不可能存活的。

如果想在火星上种植植物，并让其茂盛生长，首先要提高火星地表的温度。科学家想出了这样的办法：在火星的高空放置许多的大镜子，这样能利用太阳能将两极的冰融化掉，使其蒸发为气体，以此来增加大气中二氧化碳的含量。厚度增加的大气能避免地面热量的散失，可以提高火星表面的温度。当火星地表温度达到20℃时，植物就可以在火星上生长。美国的科学家认为，要想让火星的地表温度升高，最少还需要 50 年的时间。在 100 年之内，火星上是有望长出植物的，但若想让这些植物长成茂密的森林，大概还需要 100 年的时间。

墨西哥的一座死火山附近长有一种松树，科学家发现这种松树的表面有一种细菌，它能在极为恶劣的环境下进行光合作用，为松树提供其存活所需的养分。科学家正在进一步探究这些松树身上的秘密，并希望这能对在火星上种植植物有帮助。

科学 放大镜 光合作用有什么意义？

1. 光合作用能将无机物转变成有机物。每年经光合作用所合成的有机物可供人类和动物食用。2. 光合作用能将光能转化成化学能。人类目前所利用的能源，如煤炭、天然气和木材等都是植物通过光合作用形成的。3. 维持地球大气中的二氧化碳含量和氧气含量相对平衡。

人们能搭乘小行星到火星上去吗？

现如今，探索火星成了大热门。然而，通往火星的道路却是非常艰辛的。有科学家提出了这样的建议，我们能不能将小行星当作交通工具，搭乘小行星到火星上去呢？

科学家的具体设想是这样的：先确定一颗会经过火星和地球的小行星，当这颗小行星接近地球时，人们可以先乘坐宇宙飞船到达太空，降落到这颗小行星之上，然后在小行星上挖好能放置宇宙飞船的洞穴，并将宇宙飞船掩埋在这个洞穴中。这样，宇航员就可以搭乘小行星去火星了。

这个设想虽好，但是，在小行星上挖洞，很有可能会改变小行星的运行轨道，这会令宇航员错过登陆火星的机会，宇航员将永远无法到达火星。更严重的是，被改变了运行轨道的小行星，很有可能会与地球相撞，假如真的是这样，那可就因小失大了。

因此就目前来说，人们还不能搭乘小行星到火星上去。

科学 放大镜 发射到太空中的人造卫星是如何回到地球上的？

人造卫星的回收主要是指卫星回收舱的回收，当回收舱与卫星的其他部分脱离后，地面控制中心就会对回收舱发出信号，令反推火箭启动，以此来减缓回收舱的运行速度。当回收舱下降到1000多米的高空时，它就会打开防护伞和降落伞，最终慢慢地降落到地面上。

如果我们去土星旅行，会看到些什么呢？

土星是太阳系中一颗美丽的行星。假如我们能乘坐航天飞船到土星上去旅行，在很远的地方就可以看到土星那橘黄色的表面。土星就如同是一个穿着彩衣的时尚人士，腰间还系着一条五彩缤纷的腰带。

如果你站在土星之上，会看到更加美丽的景色。抬头仰望星空，漂亮的光环像彩虹般横跨在空中，而更有意思的是，这道彩虹还会不停地转动。

土星的外面有很多个"月亮"，特别引人注目。土

星跟地球不同，它拥有几十颗卫星，让人们更容易欣赏到"月亮"的美景。

但是，要想去土星旅行可是非常困难的。我们旅行所乘坐的飞船要足够结实，否则会被土星光环中的小冰块撞得粉身碎骨。当飞船穿过土星的大气后，我们就会发现，土星的地表竟都是液态的，飞船根本没有停靠的地方。

与地球相同，土星上也有极光，但不同的是，土星上的极光范围更广，而且持续时间更长。土星的南极上空，有一只奇特的"大眼睛"，其实，这是那里正在刮一场大型风暴。土星的北极有一片六边形的祥云，其大小完全可以装得下4个地球。

科学 放大镜 土星的大气中有氧气吗？

土星的大气中主要成分为氢气和氦气，还含有甲烷和其他气体，并没有氧气。土星的大气中漂浮着稠密的氨晶体组成的云，我们如果用天文望远镜观察会发现，土星上的这些云会形成相互平行的条纹。

土星上漂亮的光环为什么有时会"消失"?

土星是太阳系中较为奇特的一颗行星,通过望远镜看,它的外表犹如一顶草帽,在圆球形的星体周围有一圈很宽的"帽檐",这就是土星光环,又称土星环。土星的光环是围绕着土星运行的一道物质环,它像是一张大唱片,上面有很多的密纹,一直可延伸到 32 万千米的太空中。土星之所以那么美丽,跟它所拥有的光环有很大的关系。假如这个光环消失,就如同美丽的少女缺少了项链的点缀一般,会令土星失色不少。那么,土星的光环为什么有时通过望远镜也看不见呢?

事实上,土星跟地球一样,都是斜着身子绕太阳运转的,而且土星倾斜得更为厉害。当土星围绕太阳运转时,它的光环朝向地球的角度就会不同。当土星的光环斜着对我们时,我们能看得很清楚,但当光环平着对我们时,就算我们用最大的天文望远镜也只能看到细细的一条线,以至于让我们产生错觉,认为土星的光环消失不见了。

科学 放大镜 激光唱片是如何记录声音的?

　　激光唱片的音迹上记录的是数码信号。人们先将声音信号按二进制数字编码,然后用受这种数码信号控制的激光给光盘打上极细的孔,光盘就这样记录上了经过编码的声音信号。

为何天王星上的 1 年相当于地球上的 84 年?

　　天王星是太阳系中由内向外数的第七颗行星。也许有人不知道,在天王星上的 1 年相当于地球上的 84 年,这是什么原因呢?

　　地球位于太阳系中由内向外数的第三个位置,而天王星位列第七。地球的公转轨道长为 9.4 亿千米,而天王星的轨道半径就已经是 29 亿千米了。由此可见,天王星公转的轨道周长要比地球长得多。因此,当天王星绕着太阳转完 1 圈后,地球已经绕着太阳转了 84 圈。

　　地球因有大面积的海洋,所以从太空看去是蓝色的星球。天王星看上去也是蓝绿色的，莫非在天王星上也有海洋？其实，天王星的大气中含有丰富的甲烷，而甲烷可以吸收太阳的红色光线，因此天王星会呈现出蓝绿色。

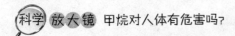 甲烷对人体有危害吗？

甲烷对于人体基本上是无毒的，但如果浓度过高，会令空气中的氧含量明显下降，使人窒息。空气中的甲烷含量达到 25％ 至 30％ 时，人们会感觉头痛、头晕、乏力、注意力不集中、心跳加速等。如果人们不远离这种环境，会因窒息死亡。如果人的皮肤直接接触液化的甲烷，会被冻伤。

 为什么冥王星被从太阳系行星中除名？

本来太阳系有九大行星，但最近冥王星被排除在外，太阳系变成了八大行星，为什么冥王星被从太阳系行星中排除呢？

天文学家一直以来对于冥王星到底是不是太阳系中

的大行星的问题很是头疼，而在 2006 年的时候，国际天文学联合会的大会上，天文界终于对行星的概念做出了新的定义，而冥王星因不符合定义中的第三条"该天体须有足够的引力清空其轨道附近区域的天体"这个标准而被排除出太阳系行星之列。

为什么冥王星不符合新的行星的定义标准呢？冥王星距离太阳约为 59 亿千米，它的直径只有 2300 千米，还没有月球大，其绕太阳一周的时间需要 248 年。冥王星因体积和质量较小，所以没有足够的引力清除其轨道附近的天体。冥王星和它的卫星组成了一个双星系统，互相影响着彼此的运转，也正因如此，冥王星被从太阳系行星行列中除名了。

科学 放大镜 太阳系八大行星是哪些？

太阳系中的八大行星，按照距离太阳的距离从近到远，依次为：水星、金星、地球、火星、木星、土星、天王星、海王星。而曾经被认为是太阳系的第九大行星的冥王星在 2006 年 8 月 24 日被定义为"矮行星"。

如果月球消失了，地球会怎么样？

首先，如果没有了月球，地球就失去了防护盾。历史上，月球曾为地球挡住很多小行星和陨石的袭击，保证了地球上生物的安全。其次，月球如果消失了，地球的自转速度会加快，我们一天的时间就会缩短 14 个小时，人们的正常生活会受到非常大的影响。

但是，我们大可不必担心月球会消失。月球的质量约为 7350 亿亿吨，其重量相当于地球重量的 1/81，这么个大家伙是不会轻易消失不见的。

科学家通过研究月球上的岩石，能更加深入地了解这个美丽的星球。在实验时，科学家用一种能将一根头发丝切割成一万份的锋利无比的刀将月球上的岩石切开，接着用 X 光射线进行照射，并放在高达 30 万倍的显微镜下进行观察。在显微镜中，科学家能看到月球上美丽无比的岩石，那些岩石与地球上的岩石很不一样，要比地球上的岩石漂亮得多。

科学 放大镜 月球为何没被太阳的引力吸走?

太阳对月球的引力是地球对月球引力的两倍,那月球为何没被太阳吸过去绕着太阳转呢? 事实上,月球也是在围绕着太阳转动的,只是月球与地球的距离比较近,月球受到地球引力的推动,使月球的绕日轨道变成了螺旋形。

如果没有月球，人类会变成什么样子？

从很久以前开始，月球对于人类来说就是一个神秘的星球。如果没有了月球，人类会变成什么样子呢？

没有了月球，地球和月球之间的引力就会消失，地球自转会加快，导致地壳不稳定，火灾、地震频发，四季和气候失去规律。而且地球上会刮起不停息的狂风，地球上生物的生命会受到严重的威胁。树木被连根拔起，大楼倒塌，大部分人都会在这场灾难中死去。侥幸存活下来的极少部分人，会慢慢地发生退化，可能变成强壮的矮个子，而且背部可能会长出沉重的甲壳，只有这样，才不会被猛烈的狂风吹走。

其实，如果一开始就没有月球的引力，地球上海水的体积和面积都会大为减少，也可能就不会进化出如此丰富的物种，很有可能就没有人类了。

科学 放大镜 月亮上也有大裂谷吗?

从太空中望向月球，其表面上那些看起来弯弯曲曲的黑色大裂缝就是月球的大裂谷，即月谷。月谷能绵延几百米至几千米，宽度从几千米至几十千米不等。较宽的月谷一般出现在月陆上较平坦的地区，而那些较窄的月谷在月球上则随处可见。

月球在逐渐远离地球?

科学家经研究发现，月球确实正在逐渐远离地球。月球与地球之间的平均距离，在40多年中增加了1.5米左右，月球正在以每年3.8厘米的速度逐渐远离地球。

月球之所以会远离地球，与地球的自转速度减慢有关。地球自转速度为何会变慢呢？科学家对此进行了

研究。

我们知道，地球并不是固态的，在地幔之中存在着液态物体和半液态物体，同时，在地壳的上方还有水和空气。地球在带动这些物体旋转时势必会产生摩擦，这就会消耗地球的旋转速度。

而另一个减慢地球自转速度的原因就是潮汐，这又与月球有关。月球对潮汐具有强大的引力，它能吸引海水与地壳产生摩擦，使地球的旋转速度变慢。

潮汐的发生不仅与月球有关，还与太阳有关。在农历每月的初一，太阳和月球同在地球的一侧，会产生最大的引潮力，所以此时会出现大潮；而在农历每月的十五或十六，太阳和月亮分列地球两侧，在太阳和月亮的引潮力下，潮汐如同被人来回拉扯一般，也会形成大潮。

科学 放大镜 什么是涨潮和落潮？

去过海边的人都知道，海水有涨潮和落潮的现象。涨潮时，海水上涨，波涛滚滚，景色非常壮观；而退潮时，海水逐渐退去，露出一片海滩。涨潮和落潮一般一天发生两次。海水的涨落发生在白天叫潮，发生在夜间叫汐，因此也叫潮汐。

月球表面大小不一的"坑"是怎么形成的？

人们通过天文望远镜能看到月球表面有很多大小不一的"坑"，这些坑呈圆形，如同火山口一般，因此，这些"坑"也被称为环形山。环形山这个名字最早是伽利略提出的，它们是月球表面的一个显著特征，那么，它们是怎么形成的呢？

月球上最大的环形山是在月球南极附近的贝利环形山，它的直径有 295 千米，而小的环形山直径甚至只有几十厘米，这些环形山占月球表面积的 7% 到 10%。

科学家们经过长期的研究，形成了两种主要的意见："火山说"和"撞击说"。

"火山说"认为，月球上本来有许多的火山，最后这些火山爆发形成了环形山。

"撞击说"认为，月球表面的坑是其他星体撞击月球形成的，那些坑就是陨石坑。经过了漫长的岁月，月球的表面便形成了这些大小不一的坑洞。

现在大多数科学家主张的是"撞击说"。

 科学 放大镜 月海是月球上的海洋吗？

月海并不是月球上的海洋，它是指月球表面上那些低洼的平原，那里的地势要比周围的地势低，看上去是一些较暗的斑块。月球表面的地形名称很形象，除了月坑、月海之外，还有月陆、月湖等。月陆是我们平时看到的最亮的部分，而月湖则是一些较小的黑暗区域。

月球上有水吗？

水是生命之源，地球上的生物都离不开水。虽然月球的表面有"月海"，但那里其实一滴水都没有。

如果月球上真有水，那对人类来说无疑是天大的喜讯，因为那样的话，人类移民到月球就有可能成真。而且，在水中能提取到氢和氧，而氢和氧可以作为火箭的燃料，人类就可以将月球当作燃料补充地，从而飞向宇宙中更远的地方。

那么，月球之上到底有没有水呢？1998 年，美国的宇宙探测器在飞过月球两极上空时发现，在其表面的陨石坑中有水冰，这些水冰同尘土混合在一起，但其含水的浓度极低，只有 0.3% 到 1%。科学家估算，月球上的水储量还是比较可观的，大约有 1100 万吨到 3.3 亿吨。

有科学家认为，在几十亿年之前，彗星与月球相撞，相撞时在月球上留下了水。但因月球没有大气层，这些水在太阳的作用下都蒸发了，只有那些接受不到阳光照射的地方才继续保留着"天外来水"，这些水结成了冰，长期存在于月球之上。

科学 放大镜 干冰有什么作用？

干冰是固态的二氧化碳，二氧化碳气体在加压和降温的条件下会变成无色液体，温度再降低的话就会变成雪花般的固体，经压缩后就会形成干冰，干冰在 −78℃ 时会直接变成气体。干冰具有"呼风唤雨"的作用，当飞机将干冰撒向空中后，它会立即气化，将云层中的热量大量夺取，令云层冷却到 −40℃。而每克干冰能分裂成 100 亿个小冰晶，周围的云雾碰到了小冰晶后就会以小冰晶为中心凝结成大水滴，于是就下起雨来。

为何月亮不是每晚都圆？

夏夜晚风徐徐吹来，圆月当空，抬头举望，令人心旷神怡。有的人不禁感叹，如果每晚都是圆月那该有多美啊！其实，月亮与地球一样，无论在什么时候都是圆形的，但我们所看到的月亮却不一样，并不是时刻都是圆形的，这是怎么回事呢？

月亮本身不发光，我们所看到的月亮是被太阳照亮的。月亮不停地绕着地球旋转，而其被太阳照亮的那一面如果全都对着地球，我们就可以看到一个圆圆的月亮，此时正好是农历的十五或十六；假如月亮的半个亮面对着地球，我们就会看到半个月亮；如果比半个亮面还少，那我们看到的就是弯弯的月牙。

科学 放大镜 现在人们能去月球旅行吗？

2005 年，俄罗斯对外宣布将推出一项激动人心的月球旅行业务。不管是谁，只要花上 1 亿美元就能乘坐飞船前往月球潇洒"走"一回，整个旅程需要 14 天。但令人感到遗憾的是，游客并不能真正登陆月球，他们只能环绕月球飞行，身在飞船中对月球表面的奇异风光进行观察。

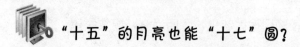 ## "十五"的月亮也能"十七"圆？

我们经常听到"十五的月亮十六圆"，但也许你还不知道，"十五"的月亮也能"十七"圆。

当月亮绕行到太阳的后面，月亮被太阳照亮的半球正好对着地球时，地球上的人们就可以看到圆圆的月亮了，其被称为"望"，时间约在农历十五。当月亮处在太阳与地球之间时，月亮被太阳照亮的半面正好背对着地球，所以我们看不到月亮，其被称为"朔"，时间约在农历初一。

但月亮围绕地球公转的速度并不是永远不变的，或快或慢，总会出现些差异。天文学家经过长期的观测认识到，从"朔"到下一个"朔"，或是从"望"到下一个"望"，其所用的平均时间为 29.35 天，而所用最长时间和最短时间相差 13 个小时。假如在"望"之前，月亮放慢了脚步，从"朔"到"望"就可能需要 16 天

到 17 天，因此就会出现"十五的月亮十六圆"，甚至"十七"圆的情况。

 科学 放大镜 月光下能产生彩虹吗?

众所周知，彩虹是在日光下产生的，但如果月光足够亮，也可以产生彩虹。但这种彩虹是极为罕见的，而且这种彩虹看上去也比较昏暗。

如果在月球上举行跳高比赛会怎么样?

月球的质量只有地球的 1/81，但对于卫星来说，月球已经很大了。我们知道，月球的引力要比地球的引力小很多，只有地球引力的 1/6。也就是说，地球上重量为 60 千克的人，到月球上就只有 10 千克重了。

1969 年，美国的宇航员阿姆斯特朗和奥尔德林首次在月球上登陆，当他们走下宇宙飞船在月球上漫步时，就像是刚刚学步的孩童，每走一步都摇摇晃晃的。后来，他们干脆用蹦跳来代替行走，如同袋鼠般的蹦跳既能加快其移动速度，也可避免他们摔倒。

假如在月球上举行跳高比赛，参赛选手只需轻轻一跳就可打破现在的世界纪录，让现在的跳高名将们只能惊叹连连。

科学 放大镜 月亮本身会发光吗？

地球是围绕太阳转动的，而月亮是围绕地球转动的，这就会令三个星球可能同时出现在一条直线上。当月球绕行到地球的背面，地球正好处于月亮和太阳之间时，地球就会遮挡住太阳的光芒，使月亮无法反射太阳光，从而使地球上的人看不到月亮，即月食现象。月食的发生正是证明月亮本身不会发光的最好证据。

掩星现象是月食吗？

掩星是天文学中的一个术语，从字面上来看，仿佛是有星星被遮掩住了，莫非掩星就是月食？

宇宙之中的星星处在不停地运动当中，因此就容易发生一颗星星被另一颗星星遮挡住的情况，这就是天文学中的掩星现象。

　　掩星现象正好与凌日现象相反。以金星凌日为例，是面积较小的金星遮挡住了面积较大的太阳，而掩星现象是大面积的星星遮挡住了小面积的星星，它并不是月食，只是与月食相类似。

　　为什么月掩星现象不那么明显呢？天空中除了地球、月球和太阳以外，还有很多的星星，因月球与地球的距离很近，所以月球在围绕地球运动时，会常常遮住其后面的恒星，这就是月掩星现象。因月球没有大气，恒星又与地球距离遥远，所以被遮掩住的恒星差不多是在一瞬间消失又重新出现在月球的边缘，人用肉眼是很难察觉到的。

　　（科学）放大镜　月亮对地球上的植物有什么影响？

　　　地球上的植物在月照下的生长速度快，尤其是对于几厘米高且发芽不久的植物，当其花枝因受损而出现伤口时，月亮能帮助植物清除其伤口中那些不能再生长的纤维组织，加快其伤口的愈合，等等。

太阳系的其他星球上也下雨吗？

下雨是地球上很常见的一种自然现象，每天地球上都有不同的地方在下雨。那么大家是否想过，在太阳系的其他星球上是否也会下雨呢？

事实上，在太阳系的其他星球上的确有云团和风暴，但那些云并不是由水蒸气构成的，而是一些化学物质或是混合物构成。

金星上会下"酸雨"，其黄色的云团是由硫酸构成的。当下雨的时候，酸液滴会从云层里掉落下来，但因高温的原因，雨滴还没有掉落到地面就被蒸发了。

木星主要由氢气和氦气构成，其上面的云团主要由氨冰组成，具有刺激性气味。而木星上的雨滴很可能是由氨晶体形成的，但还没等它们落到木星的表面，这些雨滴就会被蒸发到空气中去了。

天王星也是由气体组成的星球，其表面覆盖有厚重的云团，其中有很多云团都是由甲烷构成的，液态的甲烷滴会从云层中掉落下来，但它们也会在降落的过程中就被蒸发殆尽。

 科学 放大镜 雨滴是什么形状的?

很多漫画家将雨滴的形状画成泪珠,雨点的形状真的是这样的吗?雨滴在下落时会受到空气阻力,所以雨滴的形状也受空气阻力的影响。直径不到 1 毫米的雨滴通常是球形的,其下落速度慢,受表面张力的作用基本呈球形;而较大的雨滴,受到的空气阻力大,下方的压力向上推动它,使它的形状像小小的汉堡,即下部是平坦的。

为什么彗星有一条长长的尾巴?

人们常将彗星称为"扫把星",是因为彗星的身后总是拖着一条长长的尾巴,如同扫把一般。但是你知道为什么彗星会有尾巴吗?

构成彗星的主要物质是尘埃和冰冻物质。当彗星靠近太阳时,受到太阳热量的影响,彗星内部的尘埃和冰冻物质会不断地蒸发、汽化和膨胀,最终这些气体和尘埃会变成一团云雾将彗星包围住。

这个时候,太阳会向外部喷射出一股力量,人们将这股"力量"称为太阳风。彗星在太阳风的作用下，其云雾会被吹出来，向着与太阳相反的方向延伸，这就形成了我们所看到的彗星的长长的尾巴。

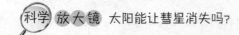 太阳能让彗星消失吗？

彗星的体积很大，质量却相对较小。当彗星靠近太阳时，太阳的热量会令彗星内部的水、气体不断地蒸发和汽化。而彗星每靠近太阳一次，就会经历一次这样的过程，彗星的体积和质量也会随之变小。如果一颗彗星不停地经过太阳，它最终就会彻底消失，所以说，太阳是能够让彗星消失的。

 ## 如果彗星与地球相撞，会出现什么景象？

在古代，彗星一旦出现，人类就非常恐慌，因为大家认为这是大灾难来临的预兆，于是人们都会纷纷地躲起来。其实，彗星只是一些由冰和杂质所构成的"脏雪球"而已，虽说其体积通常较大，但质量却很轻。做个比较来看，假如将地球比喻成 5 吨重的集装箱，那么最

大的彗星也不过是一个重为 50 克的鸡蛋。虽然彗星貌似纸老虎一般，但大家也绝对不能对它们掉以轻心。

如果彗星与地球相撞，通常来说，彗星会与地球的大气层发生摩擦并燃烧分解，这会产生大量的流星，这些流星就像是我们在节日里放的烟火一样。严重的情况下，彗核会冲向地表，与地球发生撞击，引起爆炸。这种爆炸威力巨大，地球上的生物会遭遇灭顶之灾。

在 20 世纪 40 年代，佳考比尼彗星从地球的轨道驶过，它与地球相距只有十几万千米远，可谓是与地球擦身而过。当时的科学家真的是吓出了一身冷汗。

科学 放大镜 一颗彗星撞击地球会有多大的威力？

假如一颗较大的彗星直接撞击在地球上，会造成地壳的剧烈运动，地球会发生大范围的火山爆发和地震，同时，扬起的大量尘埃会遮挡住太阳光，地球很快会进入冰河期。空气中的二氧化硫含量在撞击后会剧增，地球不再适合人类和其他生物居住，地球上的大部分生物都会灭绝。

所有彗星都会定期回归吗？

彗星由冰冻物质和尘埃组成，是进入太阳系内亮度和形状会随日距变化而变化的绕日运动的天体。我们知道，有些彗星是有固定周期的，它们每隔一定周期就会到太阳附近做客，那么，是不是所有的彗星都会这样定期回归呢？

彗星在太阳引力的影响下做绕日运动，它们有的运行轨道与行星的轨道很不相同，有些是极扁的椭圆，有些甚至是抛物线或双曲线轨道。轨道为椭圆的彗星能定期回到太阳身边，称为周期彗星；轨道为抛物线或双曲线的彗星，终生只能接近太阳一次，而一旦离去就永不复返，称为非周期彗星。所以，不是所有彗星都会定期回归。

由于彗星是由冰冻着的各种杂质、尘埃组成的，在远离太阳时，它只是个云雾状的小斑点；而在靠近太阳时，因凝固体的蒸发、汽化、膨胀、喷发，它就产生了彗尾。彗尾体积极大，可长达上亿千米，而且形状各异，有的还不止一条，一般总向背离太阳的方向延伸，

且越靠近太阳彗尾就越长。当彗星过近日点后远离太阳时，彗尾又逐渐变小，直至没有。

 科学 放大镜 彗星真的是象征着灾害的扫把星吗？

古代人们认为彗星是灾害的象征，这是因为彗星比较罕见，所以当时的人们认为彗星是个不祥之兆，而后来就逐渐成为灾星的代名词。彗星和灾害并没有必然联系，把战争、瘟疫等灾难归罪于彗星的出现，是毫无科学根据的。

流星雨是指星星像雨一样落下来吗？

事实上，流星雨和平时我们看见的雨没有任何联系。流星雨是在夜空中有许多流星从天空中一个所谓的辐射点发射出来的天文现象。当流星数量特别多时，被称作"流星暴"，但也只是指一个小时的流星数量在1000颗以上，这样的规模在我们平时的生活中可称不上是"雨"，所以，流星雨只是一种比喻，它不是指星星真的如雨一样落下来。

有人或许对流星体、流星和陨星产生混淆，它们之间到底有什么区别呢？

流星体是太阳系中最小的成员，它们在太阳系中到处游走，是分布在星际空间中的尘粒或细小物体。当流星体在地球引力下进入大气层后，就会与大气发生摩擦并产生光亮和热度，最后在空中化为灰烬，就被称之为流星。假如流星体足够大，能够落到地面上，那么，那残余剩留的部分就是陨星，也被称为陨石。

 科学 放大镜 摩擦力有什么用途？

流星体在进入大气层后会因与大气发生摩擦产生光亮和热度。而摩擦力在人们的印象之中总是阻碍物体运动的，其实在有些情况下，摩擦力是有益的。我们在走路时，鞋底会对地面施加向后的力，因摩擦而产生向前的作用力，我们才能得以向前行走；汽车也是利用轮胎与地面之间的摩擦力才能行进。

 ## 为什么流星进入大气层会燃烧？

我们知道，当流星进入大气层后会迅速地燃烧，最后会消失殆尽，那么，为什么流星进入大气层会燃烧呢？

当流星进入到大气层中时，其飞行环境就由真空变为大气层。流星在真空中飞行时，其速度非常高，通常可达到每小时数万千米，而当流星进入大气层后，会与空气发生强烈的摩擦，同时产生热，引起高温，从而发生剧烈的燃烧，并发出耀眼的光芒，流星也是在经历这个过程时最容易被人们发现。

那么，为什么流星进入大气层会被烧毁，而航天飞机回到地球时却是安然无恙呢？原来，人们为了航天飞机在返回地球时不像流星那样被烧毁，在航天飞机的外部设置了一层防热层，当航天飞机进入大气层时，这层防热层会熔解并汽化，航天飞机正是通过这样的方式来将热量转移走的。

科学 **放大镜** 大气层里有哪些气体?

大气层的成分主要有氮气（78.1％）、氧气（20.9％）、氩气（0.93％），还有少量的二氧化碳、稀有气体（氦气、氖气、氪气、氙气、氡气、氩气）和水蒸气。根据各层大气的不同特点，从地面开始依次分为对流层、臭氧层、平流层、中间层、热层（电离层）和外大气层。大气层的厚度大约在1000千米以上，但没有明显的界限。

 ## 为什么后半夜的流星比前半夜多?

当我们夜晚看星星时，偶尔能看到在夜空中一闪而过的流星。但你是否发现，在没有流星雨的夜晚，后半夜能看到的流星通常要比前半夜看到的多，这其中有什么原因吗?

其实，在没有流星雨发生的时候，流星体都是大致均匀地分布在地球周围的空间里。如果地球不公转，只是静止地悬浮在宇宙中，那么不同时间里从各个方向闯进来的流星数量应该大致相等。但实际上，地球不仅自

转，还在以每秒 30 千米的速度围绕太阳公转。当地球在这些漂浮在太阳系里的流星体间运行时，就好像一辆在雨中高速前进的汽车，而流星就像雨滴。在雨中开车时，车前挡风玻璃上的雨滴总要比后窗玻璃上的雨滴多得多。

前半夜，只有那些速度比地球前进的速度快，足以追上地球前进步伐的流星体才能闯入地球大气，成为流星。而且前半夜时，由于流星体是与地球同运行方向坠入地球，相对速度较慢，燃烧亮光较弱，还有一部分流星会因为光亮过于暗而无法被看到。

到了后半夜时，流星体是迎面撞上地球，不仅数量多，相对速度也较快，因此更容易被发现。而且，后半夜的气温一般较低，温度低的情况下，天空云和雾很少，因此流星看得更为清楚。

在接近黎明时，地球会撞上的流星体数量相对整晚来说是最多的。从黎明到中午这段时间，流星也比较多，但因为是白天，阳光比较强，所以我们无法看到流星。

为什么陨石的表面是坑坑洼洼的？

陨石在进入大气层时，其表面温度可以瞬间达到上千度，在高温的作用下，陨石的表面会融化成液体，形成褐色的"熔壳"。在熔壳冷却过程中，空气会在其表面留下印记，因此会形成那些坑坑洼洼。科学家经观察发现，每年降落到地球上的陨石有20多吨，大约有2万多块，因大多数陨石上带有地球上所没有的矿物成分，所以具有很大的科学研究价值。

 有宇宙地图吗？

在外出旅行时，人们常会借助地图来寻找目的地或是辨明方向。假如人能到宇宙之中旅行，也会有宇宙地图供人们使用吗？

事实上，天文学家已经绘制出了宇宙地图。宇宙地图与一般的星图不一样，它对宇宙中已经发现的所有天体的位置、定性和特点都进行了描述。

我们还能通过宇宙地图了解遥远星系的分布。通过

宇宙地图，我们会发现在宇宙之中有着数以亿计的星系。如果将宇宙看成是一个半径为1千米的大球，那么银河系则不过是一颗弹珠。而宇宙这个大球的实际半径最少有900亿光年。

近年来，科学家开始着手绘制宇宙3D地图，这幅地图耗费6年时间已经绘制完成了。科学家最新发布的这张开创性3D宇宙漫游图中，包含着2亿多个星系和许多的黑洞，是迄今为止绘制的最大的宇宙地图，覆盖了夜空1/3区域。这幅地图能帮助人们了解宇宙的起源和组成，以及暗能量到底在宇宙中扮演什么样的角色。

科学 放大镜 虫洞是宇宙之中的虫子所蛀的洞吗？

虫洞这一说法，是由爱因斯坦及纳森·罗森在研究引力场方程时假设的，认为透过虫洞可以做瞬时间的空间转移或者做时间旅行。爱因斯坦认为，虫洞是宇宙中可能存在的连接两个不同时空的狭窄隧道，也可能是连接黑洞和白洞的时空隧道，所以也叫"灰道"。然而，同白洞一样，虫洞到目前为止也未被证实确切存在。

怎样才能与外星人取得联系呢？

如果人们想联系外地的朋友，可以通过打电话等方法交流，那么，用什么方法才能与外星人取得联系呢？

声音是无法留住的，随着时间的推移，声音也会慢慢消失。虽然声音无法留住，但录音磁带可以将声音保存好。假如地球之外的星球上有外星人生活，我们想与其取得联系，可以试着通过录音机将想说的话传送过去。

科学家早在 1977 年就向太空发射了"旅行者 1 号"探测器，它被发射到了太阳系之外。这个探测器上装有一张特制的唱片，它会不停地播放地球上录制的 50 多种语言所表达的问候，此外还有多种飞禽走兽的鸣叫声和各国古典音乐的片段，以及 100 多幅图像。这个唱片是铜制镀金激光唱片，被密封在一个特制的盒子中，能在宇宙当中保存 10 亿年以上。如果"旅行者 1 号"被外星人发现，那么他们就很有可能听到来自地球的问候声。

科学 放大镜 我们能给外星人打电话吗?

2005 年，美国的一家公司推出了一项非常有趣的星际电话服务，它给人们提供了一个电话号码，任何人都可以拨打，打通了这个电话后，人们可以向外星人进行呼叫。到目前为止，打过这个电话的人倒是很多，但还没有人收到过外星人的回电。

假如反重力真的存在会怎么样?

反重力是爱因斯坦的广义相对论预言，自从英国科幻小说作者威尔斯描述了"反重力"（能够屏蔽重力影响，使宇宙飞船飞向月球）后，反重力已经成为人类一个多世纪的梦想。如果反重力真的存在，那么整个世界都将为之改变。到那时，汽车、火车、轮船等所有的交通工具都不再用燃料，而只需从引力场中就能获得行驶所需的能量，甚至连人都可以在空中飘浮。

事实上，地球上并没有反重力，重力的作用无处不在。然而，却有很多可以补偿重力的力量，但它们并不会令重力消失。例如，飞机的起飞是靠空气动力，而磁悬浮列车借助的是磁力。

有些科学家认为，宇宙处在加速膨胀之中，在此情况下，一定有一种力量与重力相反，令我们彼此远离，至于这种力量是不是反重力，科学家还在进一步研究之中。

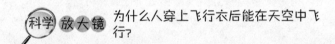

科学 放大镜 为什么人穿上飞行衣后能在天空中飞行？

飞行衣的主要材料是金属支架和高科技尼龙纤维，人穿上飞行衣后将双臂和双腿展开，看上去就像只蝙蝠。科学家解释说，从飞行学的角度来说，飞行衣要比鸟类和飞机更适合飞行。而有经验的跳伞员在穿上该衣服后，能以较高的速度平飞滑翔并着陆。随着飞行衣产量的增长，这将为寻求冒险刺激的运动界带来革命性的行动。

人造卫星会自己从太空中掉下来吗？

人造卫星是人造地球卫星的简称，它是一种航天器。人们将人造卫星送入太空后，它们就会自己绕着地球的空间轨道做高速运行，速度能达到 7.9 千米/秒以

上。在没受到外力的作用下，人造卫星是不会从太空中掉落下来的。

然而，卫星运转的轨道还是有空气的，虽然量极少，但仍会给人造卫星的飞行形成阻力。此外，太阳辐射的压力和其他星球的引力，都会对人造卫星的正常运转造成影响，使得卫星运行的轨道发生细小的变化。可别小看这一点点的变化，它能导致卫星向下坠落，然后冲进大气层，最终被烧毁。

基于此，现在人们在制造人造卫星时，会给其配备动力和控制系统，以此来调整卫星的飞行姿态和轨道高度，使卫星能正常地运转。通常来说，人造卫星的轨道越高，那里的空气就越稀薄，其受到的影响就越小，其工作的时间也就越长。

科学 放大镜 人造卫星按照用途分为哪几种？

按照用途区分的人造卫星有：广播卫星（专门为卫星电视设计和制造的人造卫星）、通信卫星（它与人类生活的关系最为密切，电视转播、手机通话、网络的使用等都与通信卫星有关）、气象卫星（它在太空中对地球进行观测，不仅能观测到大区域的天气变化，针对小区域的观测也是它的例行任务）。除了以上三种常见的人造卫星外，还有地球观测卫星、导航卫星、天文学卫星、侦查卫星、空间卫星、预警卫星等。

 ## 卫星在发射时需具备哪些条件？

发射卫星时，需要具备一定的有利条件，如天气条件和地理条件。

具体来说，首先，天气条件应满足气候干燥、降水少、多晴朗天气、空气能见度高。其次，发射地点的纬度要低，地势要高。因为纬度越低，离赤道越近，这既可充分利用地球自转的离心力，又可缩短地面到卫星轨道的距离，从而节省火箭的有效负荷。除此之外，发射场地还应满足地势平坦开阔、地质结构稳定、避开地层断裂带和地震区、人烟稀少、交通便利等条件。

我国的卫星发射中心有四个，分别为酒泉卫星发射中心、西昌卫星发射中心、太原卫星发射中心和文昌航天发射中心。

人造卫星的发射数量占航天器发射总数的90%以上。人造卫星在人类航天史上占有举足轻重的地位,它们为人类社会带来的便利,已深入到生活中的各个方面。从电视直播到导航定位,从天气预报到防灾减灾,甚至预算粮食收成都能依靠卫星来完成。

火箭可以从空中发射吗?

火箭发射时,伴随着巨响和强烈的火焰,火箭从陆地发射场朝着天空飞去。火箭承载着人们的梦想,它完成的是非常具有挑战性的任务。那么,难道火箭只能在陆地上发射,而不能在空中发射吗?

事实上,火箭是可以在空中发射的。空中发射运载火箭卫星是一种比在地面发射卫星简单的方法,就是从飞机上发射卫星,即把发射台从地面搬到高空,用飞机代替火箭的第一级。

与陆地上发射火箭相比,在空中发射火箭具有很多的优势。首先，发射场地不再受地理条件限制，火箭可以在地球上空的任何一个位置进行发射；其次，不用专门建设发射场地，也不再需要辅助设备，发射的周期缩短。由此可见，在空中发射火箭更为灵活和方便。此外，借助飞机在高空的高度和速度，火箭的运载能力会大大提升，而更重要的是，空中发射成本要比在地面发射火箭的成本低得多。

20 世纪 90 年代初，美国用一架 B—52 飞机在大西洋上空发射了一枚"飞马座"运载火箭，将巴西第一颗人造卫星送入 756 千米的预定轨道，开创了从飞机上发射卫星的新途径。据科学家预测，在未来的 20 年内，将有更多的卫星通过空中发射火箭的方式进入太空。

科学 放大镜 什么是多级火箭?

由两级或两级以上的火箭所组成的就是多级火箭。多级火箭有串联、并联和串并混合三种组合方式。多级火箭可以增加射程，提高有效载荷的最终速度。通常来说，战略导弹和大型运载火箭都是采用多级火箭发射。

 ## 在发射火箭时为什么要进行倒计时?

我们通过电视观看火箭发射时可能会注意到,火箭发射之前总是会有人进行倒计时,那么,为什么要有倒计时这个程序呢?

要想找出火箭在发射之前倒计时的原因,还要从一部科幻电影说起。

"倒计时"这一短语来源于 1927 年德国的幻想故事片《月球少女》,在这部影片中,导演为了增加艺术效果,扣人心弦,在火箭发射的镜头里设计了"9、8、7……3、2、1"点火的发射程序。这个程序得到火箭专家们的一致赞许,认为它十分准确科学地突出火箭发射的时间越来越少,使人们产生火箭发射前的紧迫感,提醒和协调好各个系统的工作进度。在那之后,科学的倒计时被科学界采用,并最终成为发射火箭的世界惯例。

此后"倒计时"被普遍采用,而且超越了使用范围,成为一个适用性极强、适用范围极广的词语。

科学 放大镜 什么是国际日期变更线？

　　因地球自转，地球上各个地方的时间都不同，为了避免日期混乱，国际上规定了一条国际日期变更线，以此作为"昨天"和"今天"的分界线。这条线位于太平洋上，基本上与180°经线重合。按照规定，凡越过这条变更线时，日期都要发生变化：从东向西越过这条界线时，日期要加一天；从西向东越过这条界线时，日期要减去一天。

火箭为什么一定要垂直发射呢？

　　我们知道，飞机是依靠水平滑行起飞的，难道火箭不能这样起飞吗？为何火箭和航天飞行器都是垂直发射的呢？

　　事实上，火箭的起飞重量是非常大的，而且火箭在飞行过程中还要尽量减少空气的阻力。科学家希望火箭在飞行时能用最少的能量使其平稳地飞行，于是将火箭设计为垂直发射。

　　如果火箭不是垂直发射而是倾斜发射，那么火箭就

必须要在倾斜的发射架上滑行很远的距离才能获得足够的起飞动力。斜着发射火箭不仅消耗的能量多，而且容易失败，因此，垂直发射火箭就成了最理想的发射方式。

需要注意的是，火箭在垂直发射后并不是垂直飞行的。火箭在升空到一定高度后就会开始转向，最终会横着飞。当火箭达到第一宇宙速度，即每秒钟飞行 7.9 千米，就会开始绕着地球做匀速圆周运动。

科学放大镜 为什么客机在起降时，乘务人员要将窗户的遮光板打开？

飞机起降时乘务人员将遮光板打开，是为了让乘客有机会发现引擎或飞机外部的异常情况，并将这些信息及时报告给乘务人员。飞机起飞或降落时，乘务人员也都在座位上系好安全带，不能四处走动进行巡视，如果发生引擎着火冒烟等情况，机长所在的驾驶舱是看不到的，这个时候反而是乘客有机会第一时间发现。

为什么天文台的屋顶大多是圆形的？

我们去天文台参观时，会发现天文台的屋顶大都是圆球的形状，而圆球上还有一条裂缝。其实这条裂缝是一个巨大的天窗，天文台中巨大的天文望远镜正是通过这个天窗指向浩瀚的天空。

而且，天文台的圆顶是可以转动的，无论天文望远镜指向哪个方向，只需要转动一下屋顶，将天窗转到望远镜的镜头前，就可以观测到夜空中的星星。工作人员在不工作时，会将圆顶的天窗关闭起来，这样可以保护天文望远镜，让其免受风吹雨淋。

天文台的圆屋顶还是为了更方便地观测太空中的天体而设计的。太空中的星星分布在各个位置，若是将天文台的屋顶设计为方形，在观测时就会出现死角，有些星星就无法观测到。因此，圆形屋顶比其他形状的屋顶更合适天文台。

科学放大镜 天文台可以用方形屋顶吗?

事实上,并不是所有的天文台都采用圆形屋顶,有些天文台的观测方向是固定的,观测屋顶就可以建成方形或长方形。只要在屋顶的中央开一条天窗,天文望远镜就能从固定的角度对星空进行观测。

为什么飞艇上不用氢气而用氦气?

飞艇是一种比空气还要轻的航空器。最开始,飞艇内部的储气囊中装满了氢气,借此而产生了浮力。1937年,德国的"兴登堡号"飞艇正准备降落时,突然发生爆炸,几十人当场死亡。科学家调查了这场惨剧发生的原因,他们发现,爆炸是由于大气中的静电点燃外泄的氢气而引发的。氢气虽然比氦气还要轻,但氢气是一种可燃气体,氢气即使是遇到一丁点的火花也能马上燃烧和爆炸。这起事故发生后,飞艇就慢慢退出了世界航空运输的舞台。

但飞艇还是具有很多的优点,与飞机相比,飞艇的载重量更大，它在空中停留的时间更长，而且其起降的地点不受限制，使用方便。随着科学技术的发展，各种新型的飞艇重新飞上天空，但它们已经不用氢气作为浮力，而是改用氦气。氦气虽然比氢气要重，但它仍然比空气要轻很多，而且它不容易与其他物体发生反应，是不可燃气体，这也是现在的飞艇使用氦气的原因。

飞艇的运载能力非常大，它能搬起一些大型的设备，如石油探测工具等。在山区或交通不便之地，飞艇更是能起到很大的作用。

科学 放大镜 为什么氦气能让人"音调变高"？

如果将氦气球中的氦气吸入口中，说话时就会发出滑稽的声音，这是怎么回事呢？其实，人在说话时，是靠口腔的共鸣作用将声音放大的。氦气的共鸣频率比空气高，吸氦气后，人的语音频率并不会发生变化，氦气改变的是口腔的共鸣频率，它提高了话音中的高频成分，削弱了中低频成分，让听者误以为音调变高了。

 如果有天边，那么天的外边是什么呢？

在我国的古代神话中，将天分为九层，玉皇大帝就住在第九层。其实，我们所说的天就是地球的大气层，地球的大气层的高度在 1000 千米以上，并没有九层，只有五层。

第一层为对流层，距离地面 10 千米至 20 千米。对流层含有大量的水汽，多发生雷、电、风、雨等天气现象。这一层的气温随高度的增加而降低，大约每升高 1000 米，温度下降 5～6℃。

第二层是平流层，大约距地球表面 20 千米至 50 千米。平流层的空气比较稳定，大气是平稳流动的，利于飞机飞行。平流层内水蒸气和尘埃很少，并且在 30 千米以下是同温层，其温度在－55℃左右，温度基本不变，在 30 千米至 50 千米内温度随高度增加而略微升高。

第三层是中间层，大约距地球表面 50 千米至 85 千米，这里的空气已经很稀薄，气温随高度增加而迅速降低，空气的垂直对流强烈。

第四层是暖层，大约距地球表面 85 千米至 500 千米。当太阳光照射时，太阳光中的紫外线被该层中的氧原子大量吸收，因此温度升高。

散逸层是地球大气的最外层，距地球表面 500 千米以上，该层的上界在哪里还没有一致的看法。实际上地球大气与星际空间并没有截然的界限，因此，天是没有边界的，天空是无边无界的。

 为什么飞机适合在平流层飞行？

从对流层顶部到约 50 千米高度范围内的气层，称为平流层。平流层的气流以平流运动为主。平流层的上部热，下部冷，大气稳定，不易形成对流，空气垂直运动不显著，飞机飞行时不会产生扰动，利于飞行安全。

 为什么在地球的南北极有极昼和极夜现象？

所谓极昼和极夜，是指在一天 24 个小时之中都是白天或黑夜。极昼极夜，是在地球南北极地区才有的自

然现象，那么，为什么在南北极会出现这种现象呢？

地球是倾斜旋转的，这就意味着在地球的极圈内可以全部都被太阳照射到。当春分过后，太阳直射点开始朝北半球移动，北极点附近就能全天接受到太阳的照射了，于是就会出现极昼的现象，而此时的南极会出现极夜的现象；等秋分过后，太阳直射点又移到了南半球，南极点附近就会出现极昼现象，而北极会出现极夜现象。

每年南北两极，极昼极夜交替出现。昼夜交替出现的时间是随着纬度的升高而改变的，纬度越高，极昼和极夜的时间就越长。极圈到极点之间，越靠近极点，极昼极夜的时间长度越接近半年，越靠近极圈，极昼极夜的时间长度越接近一天。也就是说，在极圈内的地区，根据纬度的不同，极昼和极夜的长度也不同。在南极地区，随着纬度降低，极昼和极夜出现的时间均变短，在极圈上，极昼与极夜均只出现一天。

科学 放大镜 从阴历上看，每年极昼极夜何时出现？

从阴历来看，每年 3 月 21 日到 9 月 23 日，北极点出现极昼，南极点出现极夜；每年 9 月 23 日到第二年 3 月 21 日，南极点出现极昼，北极点出现极夜；每年 6 月 22 日，北极圈上出现极昼，南极圈上出现极夜；每年 12 月 22 日，南极圈上出现极昼，北极圈上出现极夜。

北极和南极哪里更冷？

众所周知，北极和南极都是常年被冰雪覆盖的世界，那里天寒地冻，常年都处于低温之中。那么，到底是北极更冷还是南极更冷呢？下面，我们就一起去了解一下。

事实上，地球上最冷的地方是南极。南极如同地球上的大冷库一般，平均有 2000 米厚度的冰覆盖在南极的陆地之上。假如南极的冰雪全部融化，包括纽约、东京、伦敦等大城市在内的许多主要城市都会被淹没。

南极整年都有狂风吹来吹去，尤其到了冬季，暴风雪更是没有停歇的时候，最低气温曾达到 -89.6℃，即使是在夏季，南极也非常寒冷，人们无法在那里正常生活。

北极虽然也很冷，但因受到北大西洋暖流的影响，

要比南极温暖多了，这也是北极有人居住的一个原因。北极有北冰洋，很多大小不一的冰山就漂浮在北冰洋之上，而且冰山在水下的部分要比水面上看到的大得多。

北极的冬季平均气温在 -30℃ 到 -40℃ 之间，而南极冬季的平均气温在 -30℃ 到 -70℃ 之间。

科学 放大镜 如何预防冻疮？

冻疮常见于冬季，因气候寒冷引起局部皮肤反复红斑、肿胀性损害，严重的甚至会出现水疱、溃疡，等气候转暖后冻疮会自行消失，但容易复发。我们可以从以下几点来预防冻疮的生成：

1. 加强体育锻炼，提高机体应对寒冷的适应力。

2. 注意保暖，不要穿过紧的鞋袜。

3. 受冻后不要马上用热水浸泡或接近热源取暖。

4. 如冻疮反复发作，可以在入冬前用亚红斑量的紫外线或红外线照射局部皮肤，以促进局部的血液循环。

南北磁极出现过倒转吗？

磁体上磁性最强的部分叫作磁极。地球是一个巨大的磁体，它也有两极，这两个磁极的位置与地球的南极和北极很接近。可能很多人会认为，地球的南北磁极是固定不变的，但事实上并非如此。从地球诞生到现在，确实发生过南北磁极互换的情况，科学家将这种现象称为"磁极倒转"。

自人类史以来，从未发生过磁极倒转，但是根据各年代地球岩石被地球磁场磁化的方向，人们得出结论：地球曾经多次发生磁极倒转。仅在近 450 万年里，就曾经发生过两次磁极倒转。

那么，是什么原因使得地磁场方向发生变化呢？一些科学家认为，这与地球追随太阳做环绕银河系中心的运动有很大关系。还有些科学家认为，这种现象与巨大陨石的坠落有关。还有的科学家认为，这是地球本身发生变化的结果。但是，所有的这些观点都没有充分的证据，在世界范围内对这一现象产生的原因还没有达成共识。希望在不久的将来，科学家能够为我们解开谜团。

科学 放大镜 磁铁的南北极如何定义？

　　磁铁无论大小都有两个磁极，磁铁在随意旋转后静止时，总是一个磁极指向南方，另一个磁极指向北方。指向南方的叫南极，简称"S"；指向北方的叫北极，简称"N"。同性磁极相互排斥，异性磁极相互吸引。

 指南针在南极点上会指向哪个方向？

　　指南针在地磁的作用下，可以指示南北方向。如果将指南针带到南极点上，它会指向哪个方向呢？

　　其实地磁的两极与地理的两极并不重合。我们平时所说的地磁场是指南北磁极，而不是南北极点，地磁轴线和地轴之间存在 11°的角度。南磁极位于南极点东北方约 1600 千米处，如果我们仔细观察会发现，指南针指的并不是真正的南方，而是南磁极的方向。

　　那么，指南针在南极点和在南磁极分别会出现什么样的情况呢？

因为南磁极在南极点的东北方向，所以如果将指南针放在南极点上，其指针就会指向东北方向。而如果将指南针放在南磁极上，因指南针会失去水平的拉力，所以不会有固定的指向，指针会自由旋转。

指南针在北极的情况与在南极的情况一样。如果将指南针放在北极点，指针会指向南磁极的方向。如果将指南针放在北磁极，指南针就会自由旋转，没有固定的指向。

科学 放大镜 怎样利用身边事物快速辨别南北?

利用太阳：冬季日出位置是东偏南，日落位置是西偏南；夏季日出位置是东偏北，日落位置是西偏北。

立竿见影：在地上垂直树立一根竿子，上午影子指向西北，下午影子指向东北。影子最短时是正中午，这时影子指向正北方。

利用星星：以北极星为目标。首先找勺状的北斗七星，以勺柄上的两颗星的间隔延长5倍，就能在此直线上找到北极星，北极星所在的方向就是正北方。

 ## 为什么两极地区没有地震发生？

地震是一种常见的自然现象，据统计，地球上每年要发生 1500 万次左右的地震，而其中能被人感觉到的，每天有 100 次左右。但是，这么频繁发生的地震却一次都没有在两极地区出现过，这是什么原因呢？

科学家认为，地震发生的主要原因在于，岩层在地应力的长期作用下会发生倾斜和弯曲，而当地应力超过了岩层所能承受的范围时，岩层就会发生断裂，使岩层内巨大的能量在短时间内全部释放出来，这样就产生了地震。

在两极地区，冰雪覆盖的面积大，且冰层厚度大。由于冰层的压力，其底部几乎处于"熔融"状态，同时由于冰层面积大且重，在垂直方向产生强烈的压缩，而这种冰层形成的巨大压力，与地层构造的挤压力达到了平衡，因而不会发生倾斜和弯曲，岩层也就不会发生断裂，所以就不会发生地震。

但有些专家认为，假如两极的冰层融化，地下岩层就会因缺少压力而发生倾斜和弯曲，到那时，在两极地区就有可能会发生非常强烈的地震。

科学放大镜 地震前动物有哪些异常行为？

人们对地震前动物出现的异常行为进行了总结，编成了朗朗上口的歌谣：

震前动物有预兆，群测群防很重要；牛羊骡马不进圈，猪不吃食狗乱叫；鸭不下水岸上闹，鸡飞上树高声叫；冰天雪地蛇出洞，大鼠叼着小鼠跑；兔子竖耳蹦又撞，鱼跃水面惶惶跳；蜜蜂群迁哄哄闹，鸽子惊飞不归巢。

但是，动物的异常行为也有可能是除地震外的其他原因造成的，这就需要我们根据经验来判断。

 ## 为何冬季的夜晚长，夏季的夜晚短？

冬季时，天亮得晚，天黑得早，夜晚的时间很长，而到了夏季时却恰恰相反，这是什么原因呢？

其实，在北半球夏季时，太阳直射点位于赤道和北回归线之间，并在这个范围内移动。阳光此时直射北半球，因地球的地轴是倾斜的，所以在夏季时，北半球受

到太阳照射的范围就更广，白天时间就相对来说较长，相对的，夜晚的时间就会缩短。而在北半球冬季时，太阳直射南半球，北半球就会变得昼短夜长。

有人说，在北半球冬季时太阳处于近日点的位置，即冬季时我们离太阳更近，那为何气温还那么低呢？这是因为地球的温度与太阳照射的角度有关。冬季太阳直射南半球，北半球的阳光是斜着射过来的，北半球吸收到的热量少，温度自然就低了很多。

科学 放大镜 北回归线在哪里？

　　北回归线，是太阳在北半球能够直射到的离赤道最远的位置，其纬度值为黄赤交角，是一条纬线，大约在北纬 23°26′ 的地方。北回归线的位置并非固定不变，而是在北纬 23°26′±1° 的范围内变化。在课本中，粗略统计为 23.5°。

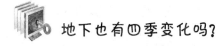 **地下也有四季变化吗？**

　　地球上有春夏秋冬四季的变化，那么在地下也有四

季变化吗？

科学家经研究发现，在地下 3 米深的地方，和地表上一样，都会受到太阳的影响从而产生温差。也就是说，在地下也会有四季的变化，只不过地下的季节变化与地面上的大为不同，其原因在于土壤不容易传热。

在地下 3 米深的地方，最热的一天要比地面迟来 76 天，而最冷的一天要比地面迟来 108 天。也就是说，如果地面上 7 月 1 日最热，那么地下 3 米深的地方，最热的那天要等到 9 月底才会到来。

科学家发现，在地下深处是没有温度变化的，这是因为太阳的热度没办法传送下去。科学家做过这样的试验：将一个温度计放在地下 30 米深的地方，这一放就是 150 年，每年都有人去观察温度情况，而温度计上面显示的一直都是 11.7℃。

地下深处恒温也有其有利的一面。由于地面上最热的时候，土层深处清凉爽快，地面上最冷的时候，土层深处温暖宜人，因此井水和较深的地下水是冬暖夏凉的。冬季，由于地底下比地面上暖和得多，所以北方人把地窖作为储藏蔬菜的良好场所。冬季，有些小动物如蛇、虫等凭借温暖的地下环境，能安全地度过严冬。

 科学 放大镜 水银温度计能测量的温度范围是多少?

水银温度计是一种膨胀式的温度计，因水银的凝固点是－39℃，沸点为 356.7℃，所以它能测量－39℃到357℃范围内的温度。如果水银温度计不小心破损，一定要注意别让其直接接触人的皮肤。洒落出来的水银可以用滴管、毛刷等收集起来，并用甘油覆盖好，然后再往污染处撒上硫黄粉，等无液体后（大约一个星期）即可清扫。

赤道附近也会有积雪吗?

大家都知道，赤道附近属于热带地区，如果说这里也有常年积雪的地方，你会相信吗?

在赤道附近，有一座海拔将近 6000 米的非洲最高的山，它就是乞力马扎罗山。乞力马扎罗山的轮廓非常鲜明，先是缓缓上升的斜坡，然后斜坡引向一个长而扁平的山顶。乞力马扎罗山是一个真正的巨形火山口，它拥有一个盆状的火山封顶。在炎热的天气时，从远处向乞力马扎罗山望去，能看到白雪皑皑的山顶仿佛飘在空中一般，让人心旷神怡。乞力马扎罗山的山麓气温有时能达到 59℃，但其峰顶的气温常年保持在 - 34℃ 左右，因此它又有"赤道雪峰"之称。

很久以前，乞力马扎罗山一直披着一层神秘的面纱，人们不敢相信在赤道附近竟会存在着一座被白雪覆盖的山峰。居住在乞力马扎罗山附近的坦桑尼亚人认为这座山非常神圣，有很多的部落每年都会到山脚下举行大型的祭祀活动。

现如今，由于全球气候变化和火山活动增强等因素影响，乞力马扎罗山山顶的积雪正逐渐融化，上面的冰川也在慢慢消失。研究人员发现，在过去的 80 年中，冰川缩小了 80% 以上，而在未来的 10 年内，山顶的冰雪有可能会完全消失。到了那时，"赤道雪山"的奇观就彻底和人们说再见了。

科学 放大镜 为什么地势越高温度越低?

地势越高越接近太阳，但温度反而越低，这是什么原因呢? 当太阳光穿透大气时，大气的温度并没有升高，这就如同是阳光穿过玻璃后，玻璃没有增温一样。地表接收到阳光，温度会随之升高，地表又将热量传给近地面空气，使地面上的空气受热，

温度就升高了。地势高的山顶离地面较远，再加上空气稀薄，因此那里的气温要比山脚低。由此可见，大气的受热主要靠地面释放出来的热量，而不是直接来自太阳。地势每上升 100 米，气温约下降 0.6℃。

 ## 为何下雨的云是灰黑色的，而不下雨的云是白色的？

当天气晴朗时，天空中的云是白色的，在蓝色天空的映衬下，白云显得非常漂亮。然而等到下雨时，天空中就会聚集很多的灰黑色的云朵，这是什么原因呢？

原来，地球上有一个水循环的过程，地面上的水经过蒸发后与空气中的尘埃颗粒凝结成云。当云层很薄时，阳光可以穿透云层，这时我们看到的云就是白色的；而如果云层很厚，阳光就无法穿透，此时云层看起来就是灰黑色的，在这样的云中的水滴继续变大，就变成雨滴落下来，形成降雨。

那么，为什么在太阳西下时，云彩有时又会呈现出橘红色呢？这是因为，太阳要落山时，阳光是斜着射过来的，阳光在大气中穿行的路线变长了很多，阳光中波长较短的蓝色光和紫色光就被散射掉了，而其中波长较长的红橙色光还存在，于是就将傍晚的天空染成了橘红色。

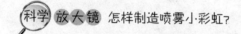

科学 放大镜 怎样制造喷雾小彩虹？

　　天气晴朗时，准备一个能喷出水雾的容器，背对着太阳将水雾喷出来，透过水雾，就能看到彩虹了。容器喷出的小水滴由于其喷射的方向不同，会折射出不同的颜色，从而形成彩虹。

台风的中心为什么既没有风也没有雨？

　　在我国的沿海地区，几乎每年的夏季和秋季都会受到台风的袭击，使人的生命财产受到很大的威胁。但令人感到惊奇的是，在台风的中心地带既没有风也没有雨。

　　台风的中心为平均直径在 40 千米左右的圆形，被称为台风眼。因台风眼周围的空气旋转得厉害，在离心

力的影响下，台风眼外面的空气不容易进到台风眼中，所以，台风眼就如同是被孤立出来的一部分，其内部的空气基本上是不旋转的，所以几乎没有任何风。

科学家发现，台风眼外部的空气是向着低气压中心旋进的，这会携带大量水蒸气，因水蒸气不容易进入台风眼内部，因而会在其外部上升，形成灰黑色的体积庞大的云层，倾泻暴雨。但在台风眼内部会出现下沉气流，所以这里没有雨滴，甚至到了晚上，还能看到天空中闪烁的星星呢。因台风眼是晴或少云的天气，因此其在卫星云图上会呈黑色小圆点状，等台风眼移走后，天气将再次变得极为恶劣。

虽然台风眼里的天气很好，但在海面上却能引起汹涌的浪潮，其原因在于台风中心的气压与其周边比起来要低很多，因此，在台风眼登陆的地方，通常都会引起很高的大浪，对人的生命和财产造成威胁。

科学 放大镜 台风来临有哪些预兆？

1. 在常有雷雨发生的地区，如夏季的台湾山地和盆地地区，如果雷雨突然停止，则说明可能有台风接近中。

2. 台风来临前两三天，能见度转好，远方的山、树都清晰可见。

3. 海、陆风不明显。平时白天风从海上吹向陆地（称为海风），夜间风自陆地吹向海上（称为陆风），但在台风将来临前数日，这种现象便不明显。

4. 台风逐渐接近时，长浪亦变得高且大，会撞击海岸山崖发出吼声。

5. 夏季常吹西南风的地区突然转变为东北风，就表示台风可能已渐渐接近。

 ## 为什么说"朝霞不出门，晚霞行千里"？

在早晨和傍晚时，阳光是斜射过来的，阳光通过空气层的路程变长了，其受到的散射就会减弱，其中减弱最多的是太阳光波中的紫色，接下来是靛色、蓝色，而减弱得最少的为红色和橙色光。因此阳光照射在天空和云层上时，就会形成美丽的彩霞。

在夏天的清晨，低空空气稳定，尘埃少，天空中有时会出现鲜艳的红霞，即朝霞。朝霞的出现表示东方的低空中含有的水分较大，且有云层。等太阳升高后，热

力对流会慢慢地向平面发展，云层会逐渐加厚，坏天气就即将来临。这也正是"朝霞不出门"的原因。

傍晚时，因经受了一天的阳光照射，温度变得较高。低空大气中的水分一般较少，但尘埃会因对流减弱而集中到低层中。因此如果此时出现了晚霞，说明西方的天气比较干燥，这主要是因尘埃等对太阳光进行散射的结果。根据气流由西向东移动的规律，未来当地的天气会变好，因此就有了"晚霞行千里"的说法。

需要说明的是，"朝霞不出门，晚霞行千里"并不是绝对的，它只是一般的规律。

科学 放大镜 什么是散射？

散射是指由传播介质的不均匀性引起的光线向四周射去的现象。光束通过不均匀传播介质时，部分光束将偏离原来方向而分散传播，从侧向也可以看到光的现象，叫做光的散射。

太阳辐射通过大气时遇到空气分子、尘粒、云滴等时，都要发生散射。

非洲也有不热的地方吗?

非洲有"热带大陆"之称,其气候特点是高温、少雨、干燥,气候带分布呈南北对称状。一说起非洲,很多人就会马上联想到高温、酷热、干旱这样的词语。人们之所以会有这样的联想,大部分是因受到了影视作品的影响。在那些影视作品当中,非洲人几乎都是穿得很少、嘴巴很干、皮肤很黑,这样当然容易让别人对非洲产生热的印象了。

但是,并非非洲全境都是炙热难耐的气候,在广大的高原地区,因海拔的抬升,气温凉爽适宜。海拔每上升 100 米,气温会下降 0.6℃,因此海拔较高的高原地区就算是白天阳光最强烈的时候,温度也只有 27℃ 左右,到了晚上,温度会下降到 10℃ 以下,有时还会下冰雹呢。

科学放大镜 冰雹是如何形成的?

水蒸气随气流上升遇冷会凝结成水滴,当温度达到 0℃ 以下就会结成冰。在此过程中水滴会吸附周围的冰粒和水而变大,当其重量大到不能被上升气流所承载时就会下降,当它们降落到温度较高的地方时,表面会化成水,会再次吸附周围的水而上升。这样反复上升下降,会令冰粒的体积逐渐增大,而当其重力大于空气浮力时,就会降落到地面,那些到达地面时未化成水的固态冰粒就是冰雹。

地中海曾经是一片大沙漠?

位于亚洲、非洲和欧洲之间的地中海,其东西长度在 4000 千米左右,南北最宽的地方有 1800 千米,面积约为 250 万平方千米,平均深度 1450 米,最深处 5121 米,是世界上最大的陆间海。可让人想象不到的是,这样的大海曾经竟是一片荒凉的沙漠。

研究人员发现,在地中海海底的不同地点的沉积层中,有石膏、岩盐和其他矿物的蒸发岩,它们形成的时间距今大概有 700 万年。我们依据如今晒海盐的知识得知，只有在封闭的盐场，令原生海水的 90% 以上蒸发完，才会沉淀出食盐来。由此看来，地中海在以前的确是干涸的。科学家判断，当时的地中海地区应该是一片荒凉的沙漠，就如同如今的地中海附近的沙漠一般。后来经过地壳运动，连接地中海和大西洋的直布罗陀海峡打开了，水流才又涌回地中海。

如今，地中海区域的降水量非常少，又因为气候炎热，海水正在不断地蒸发。科学家推测，按照现在的降水量和其他因素来看，在几千万年后，地中海很有可能会消失。

科学 放大镜 什么是地中海气候？

地中海气候，又称作副热带夏干气候，由西风带与副热带高气压带交替控制形成，是亚热带、温带的一种气候类型。主要分布于中纬度大陆西岸，因地中海沿岸地区最典型而得名。地中海气候是比较独特的一种气候，特点为夏季炎热干燥，冬季温和多雨。

 ## "北京时间"是指北京地区的时间吗？

相信大家对"北京时间"这个词不会感到陌生，我们在日常生活中也都是以北京时间为基准。那么，北京时间是指北京地区的时间吗？

中国地大物博、幅员辽阔，从西向东跨过东五区、东六区、东七区、东八区和东九区五个时区。自新中国成立以来，全国统一采用北京所在地的东八区的区时作为标准时间，即北京时间。

北京时间其实是东经 120° 的地方时间，而北京的地理位置是东经 116°21′，所以北京的地方时间要比北京时间晚约 14.5 分钟。

并且，北京时间也不是在北京确定的，而是由位于中国版图几何中心位置的陕西临潼的中国科学院国家授时中心的 9 台铯原子钟和 2 台氢原子钟组，通过精密比对和计算，并通过卫星与世界各国授时部门进行实时比对后确定的。

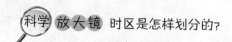

科学 放大镜 时区是怎样划分的?

以前,人们通过观察太阳的位置决定时间,这就使得不同经度的地方的时间有所不同,为了克服时间上的混乱,1884 年在华盛顿召开的一次国际经度会议上,规定将全球划分为 24 个时区(东、西各 12 个时区)。规定英国(格林尼治天文台旧址)为中时区(零时区)、东 1～12 区,西 1～12 区。每个时区横跨经度 15°,时间正好是 1 小时。最后的东、西第 12 区各跨经度 7.5°,以东、西经 180°为界。每个时区的中央经线上的时间就是这个时区内统一采用的时间,称为区时,相邻两个时区的时间相差 1 小时。

光的速度真的是每秒 30 万千米吗?

我们在物理课上学习到,光在真空中的速度是每秒 30 万千米,其实,这个数字是便于我们学习记忆、简便运算的概数,并不是十分准确的数字。

目前物理学界公认的光在真空中的速度为每秒 299792.458 千米,光在空气中的速度非常接近其在真空

中的传播速度。

光在其他介质中的传播速度要比在真空中的速度慢，因为会受到很多阻力的影响。举例来说，光在水中的传播速度约为每秒 22.5 万千米，在玻璃中的传播速度约为每秒 20 万千米，而在冰中的传播速度约为每秒 23 万千米，在酒精中的传播速度约为每秒 22 万千米。一般来说，光在气体中的传播速度最快，其次是液体，最后是固体。

科学家目前发现的最慢的光速只有每小时 60 千米，要想达到这种速度必须要将温度降到 −227℃。更让人称奇的是，哈佛大学的实验室甚至成功地让光停了下来，并将其储存了 1 微秒的时间。

科学放大镜 为什么在白色的太阳光下，物体会呈现出五颜六色？

我们平时常见的白色太阳光，实际上是由红、橙、黄、绿、蓝、靛、紫七种单色光组成的。当太阳光照到物体上时，一部分光被物体表面反射，另一部分被物体吸收，剩下的穿过物体透射出去，不透明的物体的颜色是由它反射的光线颜色决定的。

自然界只有固态、液态、气态三种物质形态吗？

自然界中的物体都是由物质组成的。在日常生活中，我们对一些物体能很容易判断出它们是属于固体、液体，还是气体。这是因为，固体具有既定的形状和体积，不能被压缩；液体具有一定的体积，却没有固定的形状，很容易流动，不容易被压缩；气体没有一定的形状，在密闭的容器中其体积是可以发生改变的，它们可以不断流动，而且能被压缩。

固态、液态和气态是我们常见的三种物质形态，那么除了这三种形态以外，物质还有其他的形态吗？

事实上，目前的物质形态除了固态、液态、气态外，还有等离子态、非晶态、辐射场态、液晶态、中子态、超导态、超流态、量子态、超离子态等形态。

科学 放大镜 地球上最轻的固体是什么?

地球上最轻的固体是气凝胶。气凝胶的密度非常小,每立方厘米只有3毫克,还不到空气质量的3倍,相当于玻璃的千分之一。虽然气凝胶为固体,但这种材料的99.8%是由气体构成的,这令气凝胶看起来如雾一般,所以它又得名"冻烟"。如果将1立方厘米的气凝胶打开平铺,它能将一个标准足球场大的地方完全铺满。